Sultana del Lago

EDITORES

Prácticas agroecológicas en huertos escolares y familiares

Carlos E. Guillén V.

Carlos Guillén
Sultana del Lago Editores

Maracaibo, 2023
PRIMERA EDICIÓN

ISBN: 9798861257497
Depósito Legal: ZU2023000207

HECHO EL DEPÓSITO DE LEY

Diagramación y maquetación:
Sultana del Lago Editores

Diseño de portada:
Luis Perozo Cervantes

DEDICATORIA

A Dios Todopoderoso, que nos ha concedido siempre alimentos muy saludables, y rogamos **nos** continúe dándonos las provisiones que requerimos día a día.

A Deisy Consuelo Briceño, mi querida y amada esposa, quien siempre ha estado dispuesta para contribuir conmigo cuando he solicitado de ella.

A Eduardo Enrique y Carlos Eduardo Guillén Briceño, mis hijos con quienes he disfrutado excelentes momentos y a los cuales les deseo acrecentados triunfos en sus gestiones profesionales y personales.

A mi Nieta Kamila Valentina Guillén Urdaneta, con la esperanza de que alcance muchos éxitos en su vida que apenas comienza, recientemente promovida con excelentes calificaciones al 2do nivel de educación.

A mis padres José Mercedes (†) y María Encarnación (†), que Dios los tenga siempre en su Santa Gloria, eternamente agradecido por haberme concedido en todo momento lo requerido para formarme como ciudadano.

A mis once (11) hermanos desde el mayor Antonio Ramón, José Hernán (†), Elena del Carmen (†), Hermelinda, Elba Josefina (†), Andrés Eloy (†), María Edicta, Natalia, José Ernesto, Hermogenes (†) y Juan José, quienes siempre han estado a mi lado apoyándome en mis gestiones laborales, profesionales y FAMILIARES.

A mis sobrinos y demás familiares, a quienes espero haberles estimulados lo suficiente, para que se sientan inspirados a conquistar sus metas.

A la organización empresarial Cementos Catatumbo, C.A. (CECAT), aunado a mis compañeros de trabajo, institución que conforma una gran familia dispuesta a gestionar en equipo, como parte de la filosofía de su cultura corporativa. Dicha cementera ha tenido como proyecto bandera desde el año 2014 la promoción en liceos de la Villa del Rosario estado Zulia, la implementación de Huertos Ecológico Escolares, instalando incluso 2 bancales por cada liceo de la ciudad.

A mis ilustrados académicos, y amigos, entre ellos algunos que han contribuido con las experiencias profesionales y saberes de mi vida, apoyándome en sus cumplimientos, como la presentadora de este documento, quien es mi excelente amiga, manuscrito que estoy compartiendo con ustedes ciudadanos lectores.

A todos ustedes, les ofrezco este compendio como inspiración desde mi infancia, porque fui Jefe de Huerto desde el 1er año en el *Grupo Escolar Manuel Gual* de Lagunillas de Mérida donde estudié toda mi educación primaria.

PRÓLOGO

Las *Prácticas Agroecológicas en Huertos escolares, familiares*, comunitarios y hasta en espacios comerciales, con el manejo oportuno de las propiedades físicas, químicas y biológicas del suelo, mediante los beneficios que aporta la materia orgánica derivada del compostaje o de biodigestores, proveen la mejora sustentable de su capacidad agrologica, que luego servirá de sustrato de las barbacoas; escenario que permitirá establecer un Huerto Ecológico Escolar en una unidad educativa de cualquier Municipio del estado Zulia o el país, el cual constituye una de las bases para el Avance Endógeno de la Agroecología.

Dicho proyecto permitirá producir alimentos sanos y vigorosos, utilizándose como laboratorio o vitrina para enseñar a los alumnos en los *principios básicos de la agricultura ecológica* o también denominados Cultivos Organopónicos (en Unidad Educativa llamado MANOS A LA SIEMBRA), base del impulso para promoverlos en la vida suburbana o rural, idea que puede ser expansiva hasta el recinto de sus hogares, a objeto de garantizarles la seguridad y soberanía alimentaria a la familia (Huerto Ecológico Familiar) y comercializar sus excedentes si el caso lo permite.

Es decir, el presente trabajo escrito está centrado en promover el programa de producción de alimentos "sanos", libres de contaminación originada por el uso de agrotóxicos, incluyendo entre otras gestiones que optimizan la acción agrícola: la Inoculación Bacteriana, Lombricultura, Control Natural de Plagas, la Introducción de Abonos Verdes y las Medidas de Conservación de Suelos y Aguas si aplica, los cuales garantizan mejorar con el compostaje la capacidad agrologica de los suelos, a la par de disponer adecuadamente de la basura de carácter orgánica o biodegradable, logrando de esta manera el saneamiento ambiental al disponer de la mejor manera, gran parte de las corrientes de desechos domiciliarios orgánicos y por otro resolver con los cultivos organopónicos uno de los graves problemas de la humanidad, como lo es el hambre que padece la sociedad venezolana actual.

El presente trabajo de investigación descriptiva, fue promovido de conformidad al cumplimiento de las exigencias del Ministerio del Poder Popular para la Educación (MPPE), en los Proyectos Educativos Integrales Comunitarios (**PEIC**) o Desarrollo Endógeno de los liceos locales o nacionales, u otras unidades educativas (UE), la cual puede ser ejecutada en el contexto del Programa de Responsabilidad Social de alguna empresa en particular, paralelo en correspondencia con el Programa de Estímulo al Investigador e Innovador (**PEII**), de la exploración libre del autor del presente trabajo, favorecido por instituciones universitarias como la Universidad Nacional Experimental de las Fuerzas Armadas Núcleo Zulia (UNEFA, año 2014), en el marco del Programa de la Maestría de Gerencia Ambiental (PMGA), al cual perteneció el autor del presente trabajo; cuyo proyecto ha sido promovido en algunas Unidades Educativas de Villa del Rosario del Estado Zulia, por la organización empresarial Cementos Catatumbo, C.A. (CECAT).

PRESENTACIÓN

El presente trabajo de investigación tiene carácter didáctico, basado en la técnica de la observación, experiencia laboral en campo como agrotécnico y a la revisión bibliográfica, realizado como aporte al Sistema Educativo Venezolano, el cual va a reforzar los diferentes proyectos escolares con enfoque de sustentabilidad, tanto a los centros educativos adscritos al Ministerio del Poder Popular para la Educación, como a los centros educativos vinculados a la Gobernación del Estado (Secretaria de Educación); proyecto promovido para ser extensivo hasta las comunidades con grandes éxitos en la figura de patios productivos e incluso en el comercio local, como ocurre en el sector El Bajo, municipio San Francisco y parroquia Cacique Mara del municipio Maracaibo, ambas jurisdicciones del estado Zulia.

Dicho proyecto tiene como propósito esencial el de instituir, capacitar y actualizar a los docentes, alumnos, miembros de las comunidades organizadas educativas u otras organizaciones y motivarlos e incentivarlos a crear o construir los huertos ecológicos escolares y familiares, para el sustento y producción de alimentos saludables y ecológicamente sustentables e introducir en las diferentes escuelas la agricultura ecológica o Agroecología, que contribuye a producir los alimentos, la protección a la salud, seguridad y soberanía alimentaria y es posible enseñar la comercialización entre la comunidades escolares de los productos promovidos y fomentar con ello el empoderamiento y emprendimiento hacia la comercialización, y de esta manera abaratar los altos costos de hortalizas, verduras y legumbres que poco se producen en el estado Zulia, sino en los estados andinos vecinos.

Con este aporte, el Escritor del presente manuscrito, lo que desea es contribuir a que las verduras, hortalizas, legumbres, frutas u otros cultivos, hasta medicinales como alternativas a base de hiervas curativas aromáticas, que emprendan a producir y comercializar en el entorno de los centros educativos y comunidades, además se encuentran sujeto a la oferta y demanda del mercado y de esta forma las organizaciones empresariales, fomentaran e incentivaran a producir dentro de los centros educativos y fuera de ellos los huertos familiares y comunitarios.

El Autor del presente trabajo, es un profesional de alto nivel técnico, gerencial, académico y de amplios conocimientos en el área de la agroecología, pretende que este compendio basado en conocimientos empíricos, técnicos y científicos, no sea un aporte más al tan deseado Desarrollo Sostenido, como vía para lograr tanto condiciones como calidad de vida a la ciudadanía, sino que sea un Manual o una herramienta y contribución a otras futuras investigaciones que aporten a la ciencia más sapiencias, mas experiencias y más saberes para enriquecer los proyectos y de esta manera asegurar la cadena alimenticia y lograr un hombre en el futuro con mayor salud y beneficios para su vida en el planeta.

Emeli del Carmen Martínez González

M.Sc./Sociólogo

1.- INTRODUCCIÓN

El Impulso *de las Prácticas Agroecológicas* o los Principios de la Agricultura Ecológica, constituye excelente escenario para los cultivos Organopónicos que son considerados optimas gestiones para la preparación de abono orgánico en biodigestores o compostero de diversos tipos, mediante la mezcla en capas de materiales orgánicos de diferentes orígenes e inorgánicos en bajos porcentaje (fosforita y caliza); cuyo abono servirá como parte del substrato (50%, más 25% de arena y 25% de capa vegetal), para fundar las barbacoas u otras instalaciones conocidas, a fin de producir la horticultura ecológica, entre otros alimentos como verduras, legumbres y cereales, con el avance de los llamados huertos ecológicos en ámbitos escolares, familiares, comunitarios, comerciales hasta industriales.

El proyecto de Huertos Ecológicos (HE), tiene como propósito producir alimentos *saludables*, vigorosos, libre de agrotóxicos (herbicidas, fertilizantes y plaguicidas), como medio de subsistencia alimentaria y comercialización de los excedentes de la cosecha, si lo permite, y también puede resolver problemas de salubridad pública, con la disposición final adecuada de la basura domiciliaria de carácter biodegradables por las bacterias del subsuelo; tratándose de manera Integral o sustentable los suelos; es decir, es una labor que conlleva a la conservación y el mejoramiento de su fertilidad de una manera global, a través del manejo favorable de sus condiciones físicas, químicas y biológicas, como elementos necesarios para el incremento de su capacidad agrologica con enfoque de sustentabilidad.

El presente escrito constituye material didáctico de importancia y pertinente para la promoción y divulgación del proyecto de Huertos Ecológicos Escolares (HEE), que puede ser promovido con éxito por empresas en el marco del Programa de Responsabilidad Social; el cual puede ser divulgado a los docentes de los liceos de los Municipio Escolares del estado Zulia u otras Entidades Federales del país, para compartir conocimientos con los estudiantes con la construcción de bancales o canteros en cada liceo, a manera de establecer el proyecto de los HEE, que será una vitrina o modelo a seguir para ser extensivo hasta los hogares de los estudiantes y docentes, e incluso pueden cumplir propósitos comerciales con el excedente de la producción (desarrollo de huertos ecológicos comunitarios).

2.- OBJETIVOS

2.1.- GENERAL

Promover las *Practicas Agroecológicas en huertos escolares y familiares*, con los conocimientos demandados por estudiantes u otros ciudadanos, para el impulso de los Cultivos Organopónicos o la denominada Agricultura Ecológica, a los fines de producir alimentos sanos y vigorosos, libres de la contaminación causada por agro tóxicos, logrando la participación activa hacia la *siembra* de una Cultura Ecológica, ya siendo gestionada por algunas empresas en la región zuliana.

2.2.- ESPECÍFICOS

- Sembrar el espíritu de cooperación en estudiantes y docentes de los liceos donde se ejecutará el Proyecto de Huerto Ecológico Escolar (HEE), para luego lograr la integración de éstos con sus familiares (Huerto Ecológico Familiar).
- Difundir los fundamentos elementales de los Huertos Ecológicos Escolares y Familiares, con base en la Gestión de los Principios de la Agricultura Ecológica.
- Explicar acerca de las maneras de cómo conseguir fabricar abono orgánico a través de composteros o biodigestores.
- Presentar los lineamientos técnicos para construir barbacoas para el impulso de la horticultura ecológica, que también incluyan verduras, cereales y legumbres.
- Proveer los cuidados técnicos culturales en los cultivos Organopónicos (HEE) u horticultura ecológica para las cosechas de su producción.

3. JUSTIFICACIÓN

La formulación, evaluación ambiental y ejecución del Proyecto de HEE, familiares y hasta comunitarios, se justifica por las razones indicadas a continuación:

3.1.- DE ORDEN TÉCNICO-LEGAL.

Los *HEE* o *familiares* puede constituir parte del Programa de Responsabilidad Social de la empresa que lo promueve, compatible con la Gestión que avanza el MPPE en las unidades educativas con el Programa Manos a La Siembra y Patios Productivos, en cuyo ámbito se tiene seguramente agrotécnicos especialistas para la formulación, evaluación y ejecución del referido proyecto (Gcia de Ambiente, p/e), el cual permite optimizar la capacidad agrologica del suelo, al mejorar con el abono orgánico su fertilidad de manera global o local, cuando renueva sus condiciones fisicoquímicas y biológicas, una vez que suministra el abono orgánico.

Es decir, el abono tiene amplio efecto positivo significativo sobre sus propiedades físicas, químicas y biológicas, adecuado su proceso conforme al marco jurídico ambiental vigente del país; ampliando las condiciones favorables para producir mayor cantidad de alimentos sanos y vigorosos, en menor cantidad de superficie de tierra, cuyo espacio podría disponerse a la postre para otros usos: industrial, urbanístico, turístico-recreacional o de esparcimiento, minero, pecuario y forestal.

3.2.- DE ORDEN SOCIO-ECONÓMICO

El desarrollo de Huertos Ecológicos se justifica por los siguientes motivos:

- Es un proyecto ahorrador de dinero: lo que indica que es austero en los gastos ocasionados para comprar los fertilizantes sintéticos o químicos utilizados para mejorar la nutrición del suelo, así como también para adquirir los plaguicidas usados para combatir las plagas y las enfermedades; debido a que el abono orgánico los reemplaza al producir alimentos higiénicos, vigorosos, resistentes al ataque de insectos, hongos, virus, nematodos, o cualquier otro patógeno, porque los vegetales hallan en el abono orgánico nutrimentos vegetales indispensables para desarrollarse con vitalidad, sin necesidad de usar los agroquímicos referidos.

- El proyecto de Huertos Ecológicos a nivel comunitario comercial e industrial producen estabilidad laboral, porque es fuente generadora de empleos directos e indirectos de manera permanente.

- Cuando se planifica como Huerto Ecológico (HE) con fines comerciales e industriales, es un proyecto muy rentable porque genera grandes dividendos.

- Sirve para cubrir las necesidades de hambre que padece la humanidad:

Cuantiosas familias venezolanas en los medios rural y sub-urbano principalmente, con este proyecto garantizan las insuficiencias de alimentos, aunque ya existen experiencias citadinas exitosas con 20 familias en la parroquia Cacique Mara, jurisdicción del Municipio y Ciudad de Maracaibo del estado Zulia; asimismo, en el Sector San Francisco-El Bajo del municipio San Francisco del Estado Zulia, quienes han desarrollado el proyecto por más de 100 años (Guillén, 2012c).

- Genera bajos costos de producción y mantenimiento: Se gasta poco dinero en los cuidados técnicos agroculturales y en la cosecha de la producción.

- El proyecto de Huertos Ecológicos es fácil de establecer: Logrado con la preparación de abono orgánico en composteros o biodigestores y la construcción de bancales o canteros para establecer las barbacoas.

- Integra a la masa estudiantil y al núcleo familiar que participa: Constituye un elemento de integración comunitaria u organizacional en torno a la actividad productiva de cultivos de hortalizas, legumbres, cereales y verduras, entre otros.

3.3.- DE ORDEN ECOLÓGICO-AMBIENTAL

El proyecto de huertos ecológicos, a la par de producir alimentos "saludables" y vigorosos libres de contaminación por sustancias agroquímicas, algunas toxicas, también resuelve un problema de salubridad pública urbana, con la disposición final "adecuada" de la basura o mezcla de desechos de origen orgánicos o biodegradables por las bacterias aeróbicas descomponedoras y nitrificantes del subsuelo, previa gestiones de Centros de Acopio Ecológicos (CAE), donde es segregada la basura, acciones que son realizadas de conformidad a la Ley de Gestión integral de la Basura (2010) y el Decreto No 2216 de fecha 23/04/1.992; e incluso puede reducir la producción de metano generado en Rellenos Sanitarios.

En algunas unidades educativas, han complementado el HEE con el desarrollo y mantenimiento del Biopaisajismo, mediante el avance de jardines sobre el suelo o en bocetos, aunado a la Arboricultura con que cuenta la UE, donde hay varias especies vegetales del bosque nativo y de elevado valor ornamental e incluso de frutales perennes, u otras especies que se pueden introducir que sean forrajeras para resarcir con mayor facilidad a la avifauna silvestre u otras, asimismo sean especies recuperadoras de suelo y provean sombra o condiciones de microclima adecuados para optimizar el avance de los HEE; además, de especies endémicas de la zona, que sean especies vedadas, amenazadas o en peligros de extinción, que tengan elevada longevidad y que sean resistentes a la sequía y al ataque de patógenos, entre otros criterios técnicos y ecológicos aplicados.

Aunado con lo expuesto, este centro educativo estaría capacitado para desarrollar un proyecto de trabajo capaz de reconquistar conceptos, usos, biodiversidad (flora, fauna, hábitat y microorganismos) y costumbres propias, no sólo de la zona, sino también de la entidad federal y poder acercar el alumno al medio natural; creándose un ambiente propicio para la constitución de una EcoEscuela.

3.4.- DE ORDEN ACADÉMICO-PEDAGÓGICO

Según Giraud (2011), los huertos ecológicos escolares constituyen una vitrina o laboratorio natural, donde se puede poner en *práctica los principios básicos de la Agricultura Ecológica* o de los Cultivos Organopónicos, además los alumnos se familiaricen con los conocimientos necesarios, para que los extiendan hasta sus hogares como medio de subsistencia y comercialización de los excedentes de la cosecha; cuya acción puede alcanzar tener propensión hacia *Las EcoEscuelas*, donde se crea un espacio de aprendizaje que estimule el deseo, la creatividad el trabajo y la convivencia entre los integrantes de la comunidad educativa.

En particular, los huertos ecológicos escolares (HEE) proporcionan y enfocan una realidad próxima a los estudiantes, quienes en su mayoría son emprendedores y entusiastas en el desarrollo de proyectos innovadores, de cómo cuidar el entorno escolar, familiar y comunitario, de cómo fomentar hábitos de consumo saludables y alimentación prudente, de acercamiento y de conservación de la biodiversidad e incluso del resguardo de algunos espacios en las Unidades Educativas, que son requeridas para el aprendizaje de los alumnos, tales como canchas deportivas, las bibliotecas o los laboratorios, que también incluye bancales u otras instalaciones donde puedan desarrollar el Huerto Ecológico Escolar (HEE), el cual debería ser un espacio integrado en el diseño de los colegios o EU.

El proyecto educativo e innovador de EcoEscuela (**EE**), constituye aspiración de tipo didáctico, de relevante importancia para la promoción en las Unidades Educativas (UE) básicas, previo incluso al desarrollo de HEE, ambos proyectos incluidos en el marco del Programa de Responsabilidad Social de algunas empresas, como ejemplo Cementos Catatumbo, C.A. (**CECAT**), cuyos proyectos han sido distribuido entre los estudiantes y docentes, como instrumento que apoya el desarrollo sustentable del Megaecosistema Sierra de Perijá, considerado por muchos autores como el 2do *Pulmón Vegetal* del Universo.

Desde el inicio de las operaciones de CECAT el 20 de septiembre de1980, la solidaridad, la justicia social y la obligación de contribuir a consolidar el bienestar de nuestra sociedad, ha formado parte de las políticas de esta cementera de origen zuliano, con profunda convicción y valores de los accionistas, del equipo de directivos y de la creencia colectiva de su personal, evidenciada en su forma de actuar, como ejemplo el proyecto mencionado, que tiene marco de referencia en la Educación para el Desarrollo Sustentable (**EDS**); basado en lo siguiente:

a) Fundamentación Teórica: Proyecto basado en que las EE deben iniciar en los 1eros años de vida del estudiante;

b) Base Legal: Mandato señalado en la Ley Orgánica de Educación (2009);

c) Acciones a Lograr:

- Promover conciencia de la forma de cómo producir, en el marco del manejo de los desechos generados, basado en las **3R**: reducción, reúso y reciclaje.

- Establecer encuentro de saberes que produzcan intercambio entre los procesos educativos ambientales: Uso Ecoeficiente del agua y de la energía eléctrica generada por CORPOELEC.

- Proponer acciones para resolver problemas socio-ambientales entorno a la EE: Escases de agua, Manejo de desechos, Afectación del Ecosistema Sierra de Perijá, entre otros.

d) Beneficios a obtener:

Contribuir a alcanzar el desarrollo de personas para que funden mejores pueblos o ciudades; mejorando las condiciones de calidad de vida, que obtengan beneficios sociales y sean amigables con el ambiente e incluso a contribuir a Salvaguardar el Megaecosistema Sierra de Perijá (véase foto obtenida de Internet); entre otros beneficios a lograrse, tales como:

- Uso de energías limpias o verdes: Hidroeléctrica, Geotérmica, Eólica, Solar, Magnética, Química, etc.,

- Manejo adecuado de los desechos que generan las comunidades,

- Uso Ecoeficiente de los recursos de que dispone la Unidad Educativa;

- Proponer una educación personalizada/local, que centre su atención en los alumnos, asumiéndolo en toda su complejidad, buscando que sea el sujeto de su propia construcción personal y comunitaria; es decir, se debe concebir las siguientes dimensiones humanas en esta Unidad Educativa:

- Aspecto físico o anatomía humana del alumno,

- Capacidad intelectual,

- Nivel de afectividad entorno a la Unidad Educativa,

- Relaciones sociales con sus compañeros,

- Experiencia trascendental (productor Agroecológico en desarrollo, p/e),

- La formación de valores éticos y morales,
- Una visión compartida para que ellos mismos (los alumnos) se comprometan libremente en la construcción de un mundo nuevo más justo o equitativo.
e) Promoción del Proyecto EE a Nivel Nacional:
- La corporación andina de fomento (**CAF**),
- Programa de la Naciones Unidas para el Desarrollo (**PNUD**) en VENEZUELA,
- El Fondo para el Medio Ambiente Mundial (**FMAM**).

OBJETIVOS DE LA CREACIÓN DE ECOESCUELAS:

Objetivo General:
Contribuir el ente promotor y propulsor del proyecto (empresa local, p/e) para que la Unidad de Educación Básica de la jurisdicción, forme parte del camino hacia la sustentabilidad de las Subregiones del estado Zulia u otras entidades, a fin de ayudar a salvaguardar el ecosistema Sierra de Perijá, incluyendo sus grandes potenciales de recursos naturales: Hídricos, Turísticos, Forestales, Minerales y su Biodiversidad; concibiéndose que la educación debe estar enfocada en solucionar sus problemas socio-ambientales específicos de su entorno inmediato, para que favorezcan a crear ciudadanos que disfruten de una óptima calidad de vida.

Objetivos Específicos:
- Establecer el proyecto de **EE** como un programa de Educación para el Desarrollo Sustentable, dirigido a la comunidad educativa, con el fin de que participe en la búsqueda de mejoras socio-ambientales de su

centro escolar y de su entorno más cercano.

- Colaborar a la sustentabilidad del sector donde se ubica la UE en el Municipio Rosario de Perijá, Estado Zulia, del país y del planeta en general.

- Involucrar a los componentes de la UE, en particular a su personal directivo, para que conozca el alcance del proyecto de EE y consolide al mismo.

- Formar parte del grupo dinamizador algún miembro directivo de la empresa propulsora. La experiencia en la implantación de otras EE, han demostrado la poca viabilidad del proyecto, cuando falta compromiso por parte de la directiva del plantel y de la comunidad educativa total, así como la empresa que lo promueve.

PLANTEAMIENTO DE METAS:

Alcanzar en el año escolar o en un periodo determinado los objetivos por los cuales se ha formulado el proyecto, bajo los siguientes aspectos:

Alcances:

- Optimizar el marco metodológico para que se aborde la creación y aplicación del modelo EcoEscuela (**EE**) e integrar los valores inherentes a la sustentabilidad en todos los aspectos del aprendizaje,

- Favorecer a los cambios en el comportamiento humano y lograr una sociedad más justa y perdurable en el tiempo, que permita a las generaciones actuales y futuras disfrutar de una mejor calidad de vida.

Que se logrará

Crear EE en el ámbito geográfico vecino a la sede operativa de la empresa propulsora del proyecto de

EE, para alcanzar los fines propuestos.

Cuanto se obtendrá

Primeramente, en las escuelas vecinas a la empresa, luego en las restantes UE del municipio Rosario de Perijá, restantes del estado Zulia y el país.

Cuando se alcanzará

Programada para el año escolar en lo delante de este escrito y felicitaciones a quienes ya lo han logrado.

Las acciones a ejecutar para mejorar la sustentabilidad del centro educativo en avance, solo podrán decidirse como consecuencia del período de análisis y reflexión que comprende la fase de diagnóstico, y solo de un modo participativo entre los ambientalistas de organización empresarial promotora del proyecto y la comunidad educativa del plantel designado. Recorrido de campo en la fase inicial del diagnóstico, para promover a resolver un problema ambiental presente en la citada UE o en sus alrededores.

Plan de acción:

Lo ideal es que las acciones sean propuestas por la comunidad educativa (Directivos, docentes, alumnos, personal administrativo, padres y representantes, otros), dando un papel protagónico al alumnado, y asumidas las metas por todos, inclusive por empresa como promotor de la idea de la creación del proyecto.

Asignación de recursos

Corresponde al presupuesto asignado en cada fase para realizar las siguientes actividades:

- **Formulación del proyecto** (debe ser Autogestión de la empresa propulsora)

Inherente a los Honorario Profesional para las acciones de redacción, edición, reproducción del documento y disertación del proyecto en la UE elegida.

- **Material POP (Autogestión de la empresa propulsora):**

  - Trípticos para la invitación,
  - Control de asistencia al panel de invitados: director docente, alumnos, disertante u otros participantes,
  - Envío de correo electrónico a los docentes para la promoción del evento,
  - Edición del proyecto para distribuirlo en la UE Básica elegida,
  - Medios didácticos: Video Beam / laptop u otros utilizados en la disertación.
  - Disertación del proyecto formulado en unos 45 minutos y resto de tiempo dispuesto para aclarar dudas.

Asignación de responsabilidades:

  • Especialista Agrotécnico o ambientalista de la empresa propulsora del proyecto.
  • Presencia de un representante de la alta gerencia de la empresa propulsora del proyecto de EE, para comprometerse aún más por la propuesta.
  • Directivos de la UE Básica elegida, incluyendo docente, alumnos, padres y representantes.

4. METODOLOGÍA Y ALCANCE

El procedimiento empleado se ajusta a un estudio prescrito y explicativo amplio, de carácter documental pertinente con el diseño longitudinal / transversal, bajo las unidades de análisis integradas por las plataformas legales y teóricas citadas en las referencias bibliográficas y a lo largo de la redacción del presente discurso escrito, que usted amigo lector tiene en estos momentos en sus manos.

A continuación, la metodología a seguir en la ejecución del proyecto de HEE o familiar, que incluye el siguiente conjunto de actividades, basados en la aplicación de las Técnicas adecuadas por el responsable del estudio en particular, común en la redacción de Informes Técnicos u otros trabajos de investigación:

4.1.- FASE PREPARATORIA

- Conformación del equipo técnico multidisciplinario entre el autor del libro y la comunidad escolar-familiar, para realizar los trabajos de campo y de gabinete.
- Selección y recopilación de la información preexistente, que consiste en la compilación de la información Bibliográfica, Hemerográficas, Mimiográficas y hasta cartográfica, que pudiera ser útil en el estudio de la caracterización del área de influencia directa del proyecto y de la conceptualización integral del mismo.
- Análisis cartográfico preliminar del área de influencia del proyecto de HEE o de Huerto Ecológico Familiar (HEF), si las circunstancias lo ameritan.
- Levantamiento topográfico de ser necesario, si el proyecto es extenso, previa selección del

sitio de ejecución del proyecto del Huerto Ecológico Escolar/familiar, bajo los criterios agrotécnicos del equipo de trabajo.
- Preparación de la Memoria Fotográfica.
- Inspecciones de manera constante para levantar la información requerida.

4.2.- FASE DE GABINETE
- Evaluar la información recabada de manera directa e indirecta, mediante reuniones y talleres de dinámica de grupo con elevada sinergia, que permitan establecer consenso entre los especialistas involucrados en el estudio.
- Formular el Informe Técnico Final, que debe incluir entre sus alcances el procesamiento e interpretación de los resultados presentados.
- Inscribir el presente Trabajo de Investigación en el Registro que tiene el Ministerio del Poder Popular para la Educación, como Proyecto Educativo Integral Comunitario (**PEIC**), en la UE donde se promueve ejecutarlo, afín con el Programa de Estimulo al Investigador e Innovador (**PEII**), en el marco de la investigación libre cumplida por individualidades, con auspicio de Universidad pública o privada.

4.3.- FASE DE EJECUCIÓN EN EL CAMPO
- Preparación del terreno y replanteo del proyecto.
- Ejecución del Proyecto:
• Instalación de Compost o Biodigestor para la fa-

bricación de abono orgánico.

- Establecimiento de la Barbacoa teniendo como sustrato el abono orgánico fabricado en Compost o Biodigestor (50%), mezclado con arena (25%) y capa vegetal (25% restante).
- Aplicación de los Cuidados Técnicos Agroecológicos de los cultivos que constituyen las barbacoas.
- Cosecha de la producción resultante.

Mientras que el Alcance del presente trabajo, se orienta a ofrecer estrategias a los docentes y alumnos para el avance de prácticas agroecológicas desde los huertos escolares, con el fin de optimizar la programación de educación ambiental; en el que el docente debe contribuir a inspirar un espíritu de cooperación, brindándole al alumno los instrumentos de gestión bajo prácticas agroecológicas, para que aprecien y respeten los recursos que le brinda la naturaleza.

Al mismo tiempo, reconozca que debe haber una conexión con el mundo natural proporcionando concordia y placer. Para tal efecto, hay que permitirle al alumno acceder a un conocimiento cada vez más autónomo y significativo, que le induzca a seguir en la búsqueda de datos, investigación, descubrimiento, construcción, intercambio de ideas y experiencias; lo cual facilita en los estudiantes profundo conocimiento de la realidad ambiental y el avance de mayor sensibilidad en materia agroecológica.

5. AVANCE DE LA GESTIÓN AGROECOLÓGICA

La *Práctica Agroecológica* igualmente hace alusión al Programa Agroecológico Alimentario-Sanitario (**PAAS**), considerado como una gestión de transición hacia sistemas alimentarios sostenibles, e incluye la lista indicada a continuación, cuyos compendios garantizan mejorar la capacidad agrologica de los suelos (ULA, 1980, IMAU, 1985 y Experiencia del autor del libro como Agrotécnico):

5.1.- Fabricar abono orgánico mediante Biodigestor o Compost e instaurar la Agricultura Ecológica o Cultivos Organopónicos con las Barbacoas.

El punto refiere en agregar al Compost o Biodigestor varios elementos orgánicos, dispuestos en capas sucesivas con residuos secos y húmedos de origen animal / vegetal, de los tipos: Carbohidratos, Glúcidos, Lípidos o Grasas, Proteínas y Ácidos Nucleídos, superpuesto en la última capa con estiércol animal, además de elementos inorgánicos como cenizas, fosforita, caliza, sulfato de hierro u otros, para enriquecer el suelo con los nutrientes que requieren los vegetales, como los producidos en barbacoas: hortalizas, legumbres y verduras, entre otras, los cereales (maíz, avena, trigo, arroz, p/e), previamente colocándose una capa de drenaje (piedra picada) para evitar encharcamientos entre las 1eras capas.

5.2.- Agregar bacterias aeróbicas descomponedoras y nitrificantes.

Consiste en inocular previamente el Compostero con bacterias aeróbicas, para evitar la putrefacción con olores desagradables generados por las bacterias anaeróbicas y acelerar de esta manera la descomposición de la materia orgánica, fijando los nitritos y nitratos que existen en el subsuelo, a objeto de liberarlos luego convertidos en nitrógeno (N), los cuales serán absorbido por las plantas cultivadas una vez que las bacterias hayan logrado su trabajo de descomposición. Es decir, las bacterias nitrificantes convierten el amoníaco en nitratos o nitritos. El amoníaco, los nitratos y los nitritos son formas de nitrógeno (N) fijo que las plantas establecidas pueden absorber para su correspondiente nutrición.

5.3.- Usar de manera limitada los Elementos Inorgánicos.

Para enriquecer el abono orgánico a fabricar se debe agregar un 10-15 % del total de la masa de compostaje, polvos naturales de fosforita, caliza, sulfato de hierro, de amonio o cobre y ceniza, entre otros, los cuales suministran fósforo, calcio, azufre, hierro, nitrógeno, o cobre y potasio, respectivamente.

5.4.- Introducir Abonos Verdes.

También es común para abonar el suelo mezclarlo con cultivos de alfalfa, avena, trigo, sorgo, frijol, guisantes, arvejas, lenteja de agua y gramíneas, los cuales en su mayoría revierten al suelo la gran cantidad de nitrógeno que absorben estas siembras, quienes además pueden servir como cultivos forrajeros. La alfalfa y otras especies pertenecientes a la gran familia de las leguminosas, tienen la gran capacidad de atrapar el nitrógeno atmosférico a través de los nódulos formados en la base de la raíz con las bacterias nitrificantes e incorporarlo al suelo. Si las circunstancias lo ameritan se puede suministrar materiales nitrogenados como, por ejemplo: harina de pescado, de sangre, de carne o de algas, entre otros.

5.5.- Emplear racionalmente la labranza.

Se recomienda para el proyecto de HEE o familiares usar equipos y herramientas agrícolas livianos, que también permitan el uso de la fuerza humana y animal si las circunstancias lo requieren, con el fin de evitar la compactación del suelo con el uso de equipos pesados, como ha ocurrido con la producción agrícola en Turen en el estado Portuguesa; cuyo endurecimiento disminuye la capacidad agrologica al dificultarse las faenas agrícolas en el suelo.

5.6.- Diversificar el uso del Suelo Agrícola.

Se trata de cambiar el tipo de cultivo año tras año en un mismo lote de terreno. En otras palabras: se debe alternar plantas de diferentes especies y con necesidades nutritivas diferentes en un mismo lugar durante distintos ciclos. En general, se sugiere usar diversos cultivos en una misma unidad de producción, como medida preventiva de control fitosanitario, porque usar monocultivos todos los años, es sinónimo de fragilidad o susceptibilidad al ataque de plagas y enfermedades.

Conjuntamente, se deben rotar los cultivos con diferentes especies, para prevenir el empobrecimiento de los suelos de algunos nutrimentos vegetales, adsorbidos en particular por el monocultivo producido de manera reiterada. No obstante, se pueden usar paralelamente diferentes cultivos con las técnicas de los Sistemas Agroforestales: silvo-pastoril, agro-silvo o agro-silvo-pastoril (Guillén, 2008).

5.7.- Usar Métodos Integrales de Producción Agrícola.

Se define como un sistema de producción agrícola de forma integral, al conjunto de insumos, técnicas, manos de obra, propiedades de la tierra y por supuesto la organización de los agrotécnicos y la población para producir bienes y servicios agrícolas. La producción moderna en CONUCO es emplazada con la labor de la Agroforestería o los denominados Sistemas Agroforestales, tales como: Silvo-Pastoril, Agro-Silvo y Agro-Silvo-Pastoril, con la selección de plantas que reduzcan la dependencia de fertilizantes sintéticos y optimicen la calidad nutritiva del suelo, como son las especies de la gran familia de las leguminosas, u otras especies existentes que tengan la propiedad de adsorber el nitrógeno atmosférico y fijarlo en el suelo para disponerlo a las mismas especies u otras plantas en su entorno.

5.8.- Promover el Control Natural o Biológico en los cultivos agrícolas.

Los agrotécnicos monitorean sus cultivos para identificar los hábitats nativos de una plaga, estudian y colectan a los enemigos naturales que matan a la plaga allí misma y envían de regreso posibles enemigos naturales para su estudio y posible liberación. En el Programa Agroecológico-Alimentario-Sanitario, escenario de la Agroecología, se prefiere el tipo de control de carácter preventivo, que emplea las siguientes medidas de perfil ambiental-ecológico:

a) Usar especies vegetales resistentes a las plagas y las enfermedades, de ser posible con crecimiento rápido (Ají, Cebollín, Pimentón, Cilantro, entre otros).

b) Disponer de especies animales que rompan la cadena vital de las plagas, como control biológico de los animales patógenos (se alimenten de los huevos y de sus larvas), y la eliminación básica de las malezas o las malas hierbas de sus entornos con el pastoreo, por ejemplo.

c) Incorporar plantas aromáticas que desplacen o ahuyenten el ataque de animales patógenos o aquellos que produzcan daños a los cultivos agrícolas.

5.9.- Emplear Medidas de Restauración Ecológica
Se sugiere establecer, donde los paisajes lo requieran, como: terrenos irregulares o con pendientes y desprovistos de vegetación arbórea o arbustiva, las siguientes Medidas de Conservación de Suelos y Aguas (Guillén, 2010 y Guillén, 2012a):

5.9.1.- Medidas Biológicas o las denominadas Técnicas de Bioingeniería:
a) Hidrosiembra con gramíneas de carácter estoloníferas para estabilizar taludes, en particular que sean especies forrajeras, como especies del género Bermuda o Brachiaria que es oriunda del Brasil;

b) Revegetaciones con especies herbáceas, sufrútices y arbustos como algunos frutales perennes y especies conservacionistas como café y cacao sombreados con especies de leguminosas como El Guamo (frutal perenne);

c) Forestaciones; Reforestaciones; Plantaciones Forestales; Arboricultura y Jardín del Biopaisajismo; y la Agroforestería con especies Recuperadoras de Suelos (preferible leguminosas), adaptadas a las condiciones ecológicas que ofrece el lugar donde se establecerá el huerto ecológico, a objeto de crear ambientes favorables para cultivar hortalizas u otros cultivos agrícolas (Verduras, p/e).

5.9.2.- Obras de Ingeniería Ambiental (OIA)): Incluye las siguientes medidas de carácter mecánicas, algunas veces desarrolladas en conjunto con las Medidas Biológicas o las denominadas Técnicas de Bioingeniería; entre las medidas de carácter mecánicas tenemos las siguientes:

5.9.2.1.- **Obras Técnicas Estructurales Conservacionista:** se refiere a las obras civiles conservacionistas utilizadas para mitigar y controlar definitivamente los agentes erosivos del suelo, mediante:

a) La Canalización de las escorrentías en la temporada de lluvia en la zona donde se va a disponer el proyecto de HE,

b) El control de los vientos con las acciones antropogénicas y de manera natural preferiblemente con cortinas rompevientos mediante la revegetación,

c) La conformación de terrazas y taludes de pendientes suaves, ejecutado según Decreto No 2212 de fecha 07/05/1993, que permitan el establecimiento de huertos ecológicos si las pendientes son pronunciadas o en terrenos irregulares.

5.9.2.2.- **Disipadores de Energía Hídrica:** entre los que tenemos.

a) Construcción de diques, barreras, muros, zanjas de absorción o de desviación para la Corrección de Cárcavas y torrentes, a modo de proteger los huertos contra la incidencia de los procesos erosivos por efectos hídricos.

b) Estabilización de taludes con enfajinados, para evitar deslizamientos, deslaves y derrumbes, y con ello evadir la pérdida de los huertos ecológicos.

5.9.2.3.- **Obras de Ingeniería Sanitaria:** Usar las siguientes obras, entre otras:

La Laguna de Sedimentación, de la cual se puede utilizar las aguas para el riego de cultivos, si el monitoreo de sus aguas cumplen con el Decreto No 883 (1995).

6.- GLOSARIO DE TÉRMINOS BÁSICOS

A continuación, algunos conceptos operacionales del autor como agrotécnico y de algunas referencias bibliográficas consultadas, citadas en cada vocablo.

6.1.- CAPACIDAD AGROLÓGICA DE LOS SUELOS (**CAS**)

Es la disposición del suelo a algunos usos específicos como Agrícola, Pecuario, Forestal, entre otros, mejorado mediante el manejo adecuado de sus propiedades físicas, químicas y biológicas obtenidas de su fertilidad, con el objeto de beneficiar la nutrición de las plantas (Concepto Operacional/CO). Buena fertilidad de los suelos es sinónimo de elevada nutrición para las plantas; es decir, son suelos convenientes para la producción de cultivos agrícolas o de alimentos de óptima calidad por su elevada capacidad agrologica.

Se ha determinado a nivel mundial que aquellas tierras que presentan mayor CAS, serán destinadas para la producción de alimentos de origen vegetal y animal, tal como se observa en el **Cuadro 6.1** a continuación (ULA, 1980), basada la categorización en los siguientes parámetros ambientales: Nivel Pluviométrico, Temperatura, Pendientes, Estructura, Profundidad, Pedregosidad > 25 cm de superficie cubierta, Rocosidad, Encharcamiento, Salinidad y Erosión, donde al faltar un solo requisito hará que deba ser catalogado en clases inferiores.

Cuadro 6.1: Clases de capacidad agrologica del suelo

Clase	Usos
I, II y III (suelos muy fértiles)	Agricultura
IV y V (suelos fértiles)	Pecuario
VI, VII y VIII (tierras marginales)	Forestal

Fuente: Organización para la Alimentación y la Agricultura de las Naciones Unidas (Acrónimo en inglés, **FAO**). Clasificación mundial de suelos según los usos. UNESCO, 1974 (aún sigue vigente cuando ya casi cumple 50 años dicha clasificación).

6.2.- NUTRIMENTOS o NUTRIENTES VEGETALES
Son los diferentes elementos nutritivos que demandan todos los vegetales, los cuales constituyen la parte química del suelo fértil, e integran el alimento que éste provee a las plantas para sus procesos vitales de crecimiento o desarrollo y la cosecha, cuyos nutrientes se dividen en (ULA, 1980 y 1981):

6.2.1.- Macro elementos: Son los nutrimentos indispensables que requieren las plantas para su crecimiento, desarrollo normal y producción; cuyos elementos son indicados a continuación: Carbono (C), Hidrógeno (H), Oxígeno (O), Calcio (Ca), Nitrógeno (N), Fósforo (K), Potasio (P), Magnesio (Mg) y Azufre (S).

6.2.2.- Micro elementos: son los elementos requeridos en pequeñas cantidades, cuya insuficiencia da lugar a una carencia, y su exceso a una toxicidad. En estos nutrientes se tienen los siguientes elementos nutricionales: Manganeso (Mn), Hierro (Fe), Cobre (Cu), Zinc (Zn), Boro (B), Molibdeno (Mo) y Cloro (Cl).

6.3.- ABONO

Es la materia o sustancia con que se fertiliza al suelo para suministrar nutrición a las plantas. Los abonos tienen marcada influencia en los procesos vitales de las plantas: germinación, crecimiento o desarrollo y cosecha (CO).

6.3.1.- Tipos de Abonos:
6.3.1.1.- Fertilizantes sintéticos o Abonos químicos: Son los materiales o sustancias inorgánicas que contienen los nutrientes básicos en forma concentrada y asimilable por las plantas o vegetales, cuyos elementos están destinados a compensar el déficit entre las necesidades del vegetal y las cantidades de nutrimentos suministrados por el suelo para sus procesos vitales (ULA, 1980 y 1981).

- Forma en que se encuentran los fertilizantes en el comercio:

En forma granulada o líquida, y los más utilizados, son:

a) la urea y el sulfato de amonio para proveer de nitrógeno al suelo;

b) el superfosfato triple y el fosfato de amonio para suministrar fósforo; y

c) el cloruro y el sulfato de potasio para añadir potasio al suelo.

d) también se localizan en el comercio diversas mezclas con cantidades variables de nitrógeno, fósforo y potasio, denominados fertilizantes completos o de fórmula completa **N-K-P**. Por ejemplo, la fórmula 18-24-18, expresa que, de cada 100 kg de fertilizantes, 18 kg son de nitrógeno, 24 kg son de fosforo y 18 kg son de potasio y los restantes 40 kg lo integran otros macronutrientes que requieren las plantas en abundantes cantidades para su normal desarrollo, como son: Carbono, Hidrógeno, Oxigeno, Magnesio, Azufre y Calcio; mezclados con los denominados micronutrientes: Cobre, Zinc, Manganeso, Hierro, Boro, Molibdeno y Cloro.

- Utilidades de los abonos en las plantas:

i. el nitrógeno favorece el desarrollo de los tallos, ramas y hojas; del mismo modo, le imprime un color verde oscuro al follaje e igualmente estimula un rápido crecimiento en las plantas. Una deficiencia marcada de este elemento (N), se manifiesta porque las plantas son pequeñas, raquíticas, con hojas también pequeñas y amarillentas, donde las hojas inferiores caen prematuramente.

ii. el fósforo estimula el desarrollo de las raíces y favorece la reproducción de las plantas. Su deficiencia se manifiesta en un pobre desarrollo de las mismas, con coloración bronceada y rojiza de las hojas.

iii. el potasio tiene marcada influencia en los procesos vitales de las plantas, actuando en la formación y transporte de los azúcares y de nutrientes. Su deficiencia se manifiesta por un amarillento y quemado de los bordes o puntas de las hojas, particularmente de las inferiores (ob. cit., 1980 y 1981).

- Disponibilidad de los nutrientes en el suelo para las plantas,

Depende mucho del balance en que éstos se encuentran, y ello, a su vez, está relacionado estrechamente con el nivel de acidez o de alcalinidad del suelo:

• Cuando el suelo es alcalino o ácido, los nutrientes se hacen menos disponibles para las plantas, dificultando a las raíces su adsorción,

• Conviene que exista un equilibrio entre ambas condiciones (lo alcalino y ácido), para que los nutrientes lo puedan aprovechar mejor las plantas,

• En general se requiere un pH cercano al neutro (valor de 7), con intervalos que oscilan entre 5.8 - 6.8 de partes de hidrógeno o pH óptimo.

• No obstante, existen especies vegetales que toleran condiciones extremas de % de hidrógeno en el suelo (pH bajo), tales como las gramíneas pertenecientes al género botánico de las Brachiaria, oriundas del Brasil, exclusivamente para establecerlas en los suelos ácidos (f 5.8), como ejemplo, en ambas márgenes de la carretera troncal 006 Machiques – Colón (Guillén, 2012b).

6.3.1.2.- Abonos Orgánicos:

Son materiales o sustancias resultantes de la mezcla de elementos diversos de carácter biodegradable, derivados de restos de animales y de vegetales (CO).

Una vez que están bien descompuestos en forma de humus los abonos orgánicos de condición doméstica, comercial e industrial, combinados de manera limitada con ciertos elementos inorgánicos naturales como la caliza, fosforita y ceniza, por ej., suministran a las plantas los macro y micro nutrimentos indispensables en sus procesos vitales, siendo incluso más importantes que los abonos químicos, si se han utilizado en el Compost o en el Biodigestor gran diversidad proporcionada de restos orgánicos y sustancias inorgánicas en forma natural, que lo constituye en abono muy rico en nutrimentos vegetales, que también facilita retención de H_2O.

6.4.- COMPOSTAJE

El compostaje es un proceso biológico preferiblemente aeróbico (con presencia de oxígeno), cuyas bacterias son capaces de transformar los residuos de carácter orgánico degradable, en un material estable que se puede utilizar como enmienda orgánica (abono) e higienizado llamado compost, fabricado bajo condiciones de elevada ventilación, humedad y temperatura controladas. Dicha gestión, es una técnica muy antigua utilizada por los productores de cultivos agrícolas, para incorporar al suelo los nutrientes vegetales absorbidos por los cultivos, que luego son cosechados en variados alimentos: hortalizas, legumbres, cereales, verduras y frutas diversas.

Según Bueno (2006), complementado por el autor del presente trabajo, la técnica del compostaje consiste en ir colocando en forma de capas los elementos secos y húmedos, integrados por los restos de la cosecha, los residuos domésticos e industriales, excrementos de animales que serán descompuestos por las bacterias de carácter aeróbica, en materiales más fácilmente manejables y útiles por las plantas, como son los abonos orgánicos, producidos en forma doméstica, comercial e industrial. El estiércol será cubierto por fosforita, caliza o ceniza, para evitar los malos olores y la presencia de las moscas. Previamente a la colocación de las diferentes capas se distribuye un manto de piedras pequeñas que servirán de drenaje, a modo de evitar inundación en la 1eras capas.

6.4.1.- Clases de Compost

En la actualidad el compostaje de los residuos orgánicos se adapta a toda clase de situaciones de la sociedad moderna, bien sea en el ámbito geográfico de la vida rural, sub-urbana, urbana, comercial o industrial. De acuerdo a Yuste (2004) a continuación, se presenta la siguiente clasificación de compost:

6.4.1.1.- **Compost de Huerto:**

Se fabrica sobre todo con las malezas o malas hierbas, residuos de hortalizas cosechada, gramíneas, restos provenientes de la poda del jardín o de los cultivos y restos de cocina, entre otros, acompañado con estiércol fresco, con el propósito de aumentar la proporción de nitrógeno en el subsuelo al secarse.

En general, se establece con excavación en la tierra, con dimensiones de acuerdo a los criterios del agricultor y a la disposición de terreno; construido de forma rectangular, circular o cuadrada y con profundidades o alturas de 1-2 m, de tal manera que permita la remoción de los materiales con lapsos de unos 15 días, hasta que el compost esté completamente maduro, luego de haber transcurrido de 2-3 meses; cuyo tiempo puede acortarse si previamente se trituran todos los materiales, se mantienen siempre húmedos y aireados con elevadas temperaturas e inocular al iniciar el compostero con bastantes bacterias de carácter aeróbicas.

De igual forma puede construirse una pila sobre el suelo de sección trapezoidal. En ambos casos se debe cubrir la última capa con polvo natural de elementos inorgánicos, previo agregado de compost maduro que facilite ampliamente la fermentación de la pila, la cual debe ser aireada constantemente mediante un palo, tubo (preferiblemente hueco en sus laterales) o cabilla y posteriormente tapada con sacos o bolsas negras de preferencia (el color negro absorbe con mayor facilidad el calor del sol, elevando la temperatura del compostero) , para evitar la pérdida de agua por el proceso de evaporación o también inundación de la pila cuando ocurra la lluvia.

6.4.1.2.- **Compost de Granja:**
Se elabora mediante estiércol mezclado con los residuos dejados por las pacas de heno o pasto cosechado, aserrín sin tratamiento químico o residuos vegetales y restos de los comederos de animales, lo que da lugar a un abono de buena calidad. Las técnicas de construcción de este tipo de compost y los procesos de obtención del abono, son similares para el caso anterior.

6.4.1.3.- **Compost Industrial:**
Es el resultado de la fábrica de abono orgánico en plantas de compostaje, previa elección de residuos sólidos urbanos y suburbanos de carácter biodegradables, durante la disposición final adecuada de la basura pública, por parte del Instituto Municipal de Aseo Urbano (**IMAU**). También puede provenir de la parte sólida resultante de las plantas de tratamientos de aguas residuales de las ciudades e industrias; lo que constituye a mejorar la salubridad del ámbito público.

6.4.1.4.- **Compost doméstico:**
Permite transformar en abono orgánico o humus, los restos biodegradables que son resultantes de los hogares, tales como: residuos de jardín, restos de la cocina, papeles del baño y de ser posible mezclados con excrementos de animales, así como ceniza de madera y ciertos polvos de rocas

naturales de origen inorgánico o volcánico, que suministran varios nutrimentos vegetales, para lo cual se pueden utilizar recipientes Composteros de varias formas y tamaños, e incluso materiales en desuso como neveras, lavadoras, secadoras o cualquier otro envase.

6.4.1.5.- **Vermicompost:**

Es el método que consiste en la fabricación de abono orgánico mediante la descomposición de materiales biodegradables, mayoritariamente por medio de lombrices de tierra, bajo ciertas condiciones controladas de humedad y sombra, que permitan la abundante proliferación de estos organismos del subsuelo, dando lugar a un excelente humus para el abonamiento de los cultivos.

6.4.2.- Tipos de Composteros

Existen diferentes tipos de Composteros en el mercado de carácter artesanal e industrial, e incluso caseros, como ejemplos los vistos en las **figuras 6.4.2a y b:**

Figura 6.4.2a: Compostero del Tipo Artesanal

Fuente: Imagen obtenida de Internet (El Correo del Sol, julio de 2023)

Cuando se habla de materiales recuperables y de aprovechamiento de residuos orgánicos, se está hablando del compostaje como una gestión muy práctica para patrocinar de la mejor manera el uso óptimo de la materia orgánica que se genera en el día a día en los hogares, el comercio y las industrias. Para llevar a cabo el proceso de compostaje se requiere de un compostero, que es un recipiente donde se puede descomponer la materia orgánica que vamos depositando (véase la **Figura 6.4.2a),** con el objetivo de obtener un abono ecológico que sirve para nutrir a las plantas que se van a cultivar. Este compostero hace una buena combinación si tenemos un jardín en el hogar o un huerto ecológico.

a) **Composteros con elementos caseros** como matero de madera o metal con el uso de materiales livianos, o en su defecto composteros tipo caseros que son construidos con materiales reusables, tales como: nevera, lavadora, carretilla, etc.

Figura 6.4.2b: Tipos de Compostero casero

Fuente: Bueno, 2006.

El recipiente de este material que sirve para poder crear abono orgánico para las plantas, pueden ser de diferentes tipos. Se Encuentran algunos composteros con materiales metálicos, madera y plásticos. Lo esencial es que esté preparado para que pueda tener algunas aperturas tanto por arriba como por abajo y en los laterales para que exista una aireación continua.

b) **Pipa metálica o plástica:** Se deja el fondo o se elimina; en ambos casos hay que colocar una capa como material de drenaje o muy absorbente, para evitar inundaciones en las capas inferiores. Además, se agujerea la superficie para permitir entrada de aire y se tapa preferiblemente para controlar el ingreso de agua de lluvia, colocándose en un lugar soleado y de fácil acceso. Si es posible se puede colorear la pipa con color negro para incrementar el calor o temperatura

b) **En forma de montón o en silo**, con estructura de diferentes materiales.

Consiste en apilar directamente y sobre el suelo capas alternadas de materiales orgánicos secos y húmedos. Lo habitual es cubrir el montón con paja o algún otro material parecido, e ir añadiéndole agua según este la precisa para mantener unos niveles adecuados de humedad y calor.

c) En el interior del suelo, mediante socavación del mismo se construye fosa como se indica a continuación:

• Cava el hoyo para la fosa del *compostero* de dimensiones de acuerdo a los requerimientos de abono para los cultivos que se desean desarrollar,

• Troza tus materiales de *compostero* finamente,

• Agrega el material orgánico a la fosa de *compostero*,

• Coloca una tabla sobre el hoyo si planeas poner más restos,

• Cubre tu *compostero* con tierra, y

• Mantén la fosa de *compostero* húmeda mientras se descompone con las 4 fase o etapas del *compostaje indicadas a continuación*:

- **Fase mesófila:** Consiste en el periodo de aclimatación de las bacterias o microorganismos del subsuelo al nuevo medio, donde se inicia la multiplicación y colonización de los residuos que se van agregando. La fase mesófila empieza a una temperatura cercana a la del ambiente (20°C – 40°C) y tiene una duración entre 2 y 8 días desde que se inicia el compostaje.

- **Fase termófila también llamada de higienización:** La mezcla se debe airear frecuentemente con el objetivo de aportar oxígeno a los microorganismos, a los fines que puedan seguir descomponiendo. La temperatura se mantiene alta durante esta fase, que puede durar desde varios días hasta varios meses.

- **Fase mesófila o etapa de enfriamiento:** En esta fase, las bacterias o microorganismos mesófilos vuelven a aparecer y siguen degradando polímeros como la celulosa y lignina, al reiniciar la actividad, el pH de la mezcla desciende, esta vez de forma ligera, pudiendo aparecer hongos visibles a simple vista.

- **Fase de maduración:** Esta última etapa del proceso se produce a temperatura ambiente y permite la consolidación de nuevas moléculas (abono orgánico). Durante varios meses, el compost madura y suma nuevas poblaciones microbianas, así como nuevos grupos de organismos como anélidos, ácaros o insectos que completan la transformación de los materiales orgánicos.

6.5.- BARBACOA

Son estructuras construidas con varios tipos de materiales o armazón de forma rectangular, levantada elevada sobre el terreno, o bien sobre el suelo o en el subsuelo y llenada con mezcla de suelo tipo franco limoso, conformada en forma proporcional por abono orgánico proveniente de Composteros (mayormente en un 50%), capa vegetal (25%) y el resto de arena, lo que garantiza una mezcla apropiada para el desarrollo de cultivos de hortalizas (INAGRO, 1983).

6.6.- PRÁCTICA AGROECOLÓGICA

Es una actividad que puede constituir los nueve (9) ítems referidos en el punto 5 para el alcance del mismo, si las circunstancias del terreno lo requieren, el cual consiste en producir alimentos sanos/vigorosos, libres de contaminación causada por agrotóxicos, desarrollado con el manejo adecuado de las propiedades físicas, químicas y biológicas del suelo, lo que garantiza mejorar su capacidad agrológica, cuando utiliza el abono orgánico provenientes de Compost (50%), mezclados equitativamente con capa vegetal (25%) y arena (25%), como soporte físico de los cultivos agrícolas (CO e IMAU, 1985).

6.7.- PRINCIPIOS BÁSICOS DE LA AGRICULTURA ECOLÓGICA

Según la Enciclopedia Wikipedia (consultada en julio de 2023), la agricultura ecológica, orgánica o biológica es un sistema de cultivo de un usufructo agrícola basada en la utilización óptima de los recursos naturales, sin emplear productos químicos sintéticos u organismos genéticamente modificados en ninguna parte del proceso de producción de alimentos, afín al vocablo *Agroecología,* basada en la diversidad desde la semilla a utilizarse hasta el paisaje. Así favorece el equilibrio de la naturaleza y la variedad en la dieta de la población. La agroecología busca el equilibrio de los ecosistemas, así posibilita a los agricultores el control de las plagas y malas hierbas sin el uso de agrotóxicos.

Los Siete (7) principios básicos de la agroecología (ob. cit., 2023)

a. Soberanía alimentaria

Productores y consumidores, no corporaciones, deben tener el control de la cadena alimenticia y determinar cómo se produce la comida.

b. Valorización de la vida rural

La agroecología contribuye al desarrollo del campo y a la lucha contra la pobreza, porque garantiza un medio de vida seguro, sano y económicamente viable.

c. Producción inteligente

La agroecología produce con saberes locales ancestrales y se apoya en los ciclos de la naturaleza, no en las corporaciones. Así los agricultores pueden lograr mayor autonomía, ampliar su margen de ganancia y estabilidad socioeconómica.

d. Biodiversidad

La agroecología se basa en la diversidad desde la semilla hasta el paisaje. Así favorece el equilibrio de la naturaleza y la variedad en la dieta de la población.

e. Protección ecológica contra las plagas

La agroecología busca el equilibrio de los ecosistemas, así posibilita a los agricultores el control de las plagas y malas hierbas sin el uso de agrotóxicos.

f. Suelos sanos

La agricultura ecológica aumenta la fertilidad del suelo al no utilizar agrotóxicos y al mismo tiempo los protege de la erosión, la contaminación y la acidificación.

g. Sistemas alimentarios resilientes

La agricultura ecológica construye ecosistemas productivos con *capacidad para adaptarse* a las crisis climáticas y económicas.

También Altieri (2009), concibe Propiedades de las Prácticas Agroecológicas:

Las prácticas agroecológicas y la agroecología propiamente dicha, provee las bases para el mantenimiento de la biodiversidad de la agricultura y esta es la manera de alcanzar una producción sustentable; desde este planteamiento agroecológico, la evaluación del comportamiento viable de un Agroecosistema o huerto ecológico escolar (HEE) específicamente, se debe realizar tomando en cuenta las siguientes propiedades (ob. cit., 2009):

- **Sustentabilidad:** es la habilidad de un Agroecosistema para mantener su producción, en el tiempo, frente a cambios externos, considerando las limitaciones ambientales, la capacidad de carga del mismo y presiones Socioeconómicas.

- **Equidad:** medida de cuán equitativa es la distribución de los productos y ganancias que genera el Agroecosistema. La manera de distribuir la productividad de un sistema entre sus beneficiarios humanos, es eliminar la pobreza, la miseria.

- **Estabilidad:** es una medida de la producción bajo un conjunto de condiciones agroambientales y socioeconómicas. Es la constancia de la producción bajo condiciones económicas, ambientales y de gestión cambiantes.

- **Productividad:** mide la tasa y cantidad de producción por unidad de tierra o inversión. En términos ecológicos, la producción se refiere a la cantidad de rendimiento o producto final y la productividad es el proceso para alcanzar dicho producto final. Para medirla se utilizan unidades físicas, en tiempo y espacio, su maximización tiene que ver con el uso de nuevos insumos de proceso (rotación), y no de insumos de producto (agroquímicos).

- Autonomía: es la capacidad interna para suministrar los flujos necesarios para la producción, tiene que ver con el grado de integración de los componentes de los Agroecosistemas al ambiente externo, cuyas propiedades son consideradas interdependientes, pero a la vez existen incompatibilidades entre ellas.

Por lo tanto, el principio agroecológico es la diversidad ecológica, la rotación e intercalado de cultivos y el reciclaje de nutrientes con la integración de animales. El desarrollo de la agroecología en los huertos escolares es un principio ambiental simple, que regenera los recursos agrícolas y rescata el conocimiento local sobre el ambiente, manifiesta con la conceptualización indicada a continuación:

i. Prácticas Agroecológicas y Educación Ambiental

Con anterioridad se ha determinado el huerto ecológico escolar (HEE) como un espacio desde una concepción agroecológica que implica cambios; tanto de tipo tecnológicos como también cambios sociales, culturales, políticos y económicos, en el que (ob. cit., 2009), manifiesta que "desde la educación ambiental con nuevas propuestas se puede provocar el cambio cultural y social necesario". Al mismo tiempo, la educación tiene un componente ético ineludible, puesto que además de generar cambios se pueden reproducir viejos esquemas valorativos, corporativos y cognitivos en los aprendices.

ii. Principios Agroecológicos y aplicaciones prácticas en Agroecosistemas

La agroecología se basa en la aplicación de principios básicos de ecología al diseño y manejo de Agroecosistemas sostenibles (pastos, p/e). Los principios de la agroecología incluyen:

a) la conservación de recursos naturales y agrícolas (agua, capital financiero e intelectual, energía limpia, suelo orgánico, y variedades genéticas optimizadas);

b) el uso de recursos renovables;

c) la minimización del uso de productos tóxicos (agroquímicos);

d) el manejo propicio de la biodiversidad (flora, fauna, hábitat y microorganismos);

e) la maximización de beneficios a largo plazo (con carácter de sustentabilidad); y

f) la conexión directa entre agricultores (HEE o Huertos Ecológicos Comunitarios).

La agroecología implica un enfoque holístico o integrado, centrado no sólo en la producción, sino también en la sostenibilidad del sistema productivo, el respeto a los medios que conforman el ambiente, a los aspectos socioeconómicos, etc.

6.8.- AGROECOLOGÍA

Para García (2010), "la agroecología como enfoque ecológico del proceso agrícola, abarca los aspectos de la producción de alimentos; y toma en cuenta los aspectos culturales, sociales y económicos, que se relacionan e influyen en la producción" (p.12); siendo una manera de conectar conocimientos tradicionales o ancestrales y científicos, con el fin de producir alimentos de una manera más sostenible. Su objetivo es encontrar soluciones locales sin aplicar soluciones generales. Las soluciones Agroecológicas son a la vez regionales y locales. Mientras que Altiere (2009), define "La agroecología como aquel enfoque teórico y metodológico que, utilizando varias disciplinas científicas, pretende estudiar la actividad agraria desde una perspectiva ecológica" (p.18).

La agroecología puede salvaguardar los recursos naturales y la biodiversidad, así como promover la adaptación y la mitigación del cambio climático. También puede mejorar la resiliencia de los agricultores familiares, en especial en los países en desarrollo donde hay una mayor concentración de situaciones de hambre, como son los casos del continente africano y de la Región Latinoamericana.

Según García (1996), en Venezuela La Agroecología surge de un movimiento ambientalista-ecológico de campesinos, militantes y académicos de diferentes niveles, que desde los años 70 denunciaban los efectos nocivos de los agrotóxicos en la agricultura industrial, en particular los daños causados a la salud y el ambiente, cuya acción se vinculó con nuevas formas de producir alimentos sanos y vigorosos con los denominados HEE y Familiares, poniendo en práctica actitudes y hábitos de cuidado agro culturales y responsabilidad, lo cual mejora la calidad educativa con la integración de los conocimientos teóricos –prácticos.

6.9.- AGROECOSISTEMAS

Los Agroecosistemas comprenden policultivos, monocultivos y sistemas mixtos, e incluyen sistemas agropecuarios, agroforestales, agrosilvopastoril, la acuicultura y las praderas, los pastizales y las tierras en barbecho. Los Agroecosistemas pueden clasificarse en diversos tipos:

a) Pastoriles: cuando lo que se utiliza es la biomasa vegetal para alimentación de ganado bovino u otros, es allí cuando hablamos de sistemas agropecuarios.

b) Silvícolas: cuando se foresta o reforesta con árboles, que en general son las especies que el hombre considera de interés económico e incluye la Arboricultura y los Sistemas Agroforestales. Los casos típicos de sistemas agroforestales simultáneos son considerados en cuatro categorías: árboles en asociación con cultivos perennes (multi-estratos); árboles en franjas intercaladas con cultivos anuales (cultivo en callejones); huertos caseros mixtos; sistema agrosilvopastoril.

c) La Acuicultura: Es una actividad productiva de organismos acuáticos (vegetales o hidroponía y animales con granjas camaroneras o con proyectos piscícolas) con ciclo de vida total o parcial que se cumple en el agua (dulce, salobre y marina). La Acuicultura se desarrolla en todo el país (a ambas márgenes de las riberas del lago de Maracaibo, p/e), otorgando diferentes producciones en cada uno de los lugares donde se llevan a cabo.

d) Praderas con árboles o arbustos forrajeros en terrenos campestres, también denominadas sabanas limpias o arbóreas con especies forrajeras.

e) Tierras en barbecho o descanso de la *tierra*, es el período bastante más largo que el del cultivo: 5-20 años de *barbecho* y 2-3 años de cultivo:

6.10.- Huertos Organopónicos

De acuerdo a la Organización de las Naciones Unidas para la Agricultura y la Alimentación (FAO, 2010), los huertos organopónicos permiten conservar espacio, minimizar la aparición de plagas o enfermedades y prácticamente eliminar los problemas que plantean las malas hierbas (malezas), al producir cultivos de hortalizas, verduras, legumbres o cereales sanos y vigorosos. De igual forma señala que, en el caso de las escuelas o unidades educativas que tiene acceso restringido a la tierra, el huerto organopónico puede ofrecer una buena solución para cultivar una variedad de hortalizas, hasta hierbas medicinales y especias; es decir, son una serie de parcelas en las que se cultivan las plantas sobre un sustrato formado por suelo y materia orgánica de compostaje mezclados en un contenedor y que se basa en los principios de la agricultura orgánica-ecológica.

En Venezuela, los principios de la agricultura orgánica-ecológica o agroecología, tiene su base legal en el marco jurídico vigente mencionado a continuación:

a.) Constitución de la República Bolivariana de Venezuela (CRBV, 1999). Art. 118:

"Expresa el derecho de las comunidades de desarrollar asociaciones de carácter social y participativo, las cuales pueden tener actividades económicas, con el fin de generar beneficios colectivos". En relación al artículo, los huertos ecológicos comunitarios constituyen una forma de organización colectiva que busca un fin común (educación ambiental y sustentabilidad bajo prácticas agroecológicas).

b.) Ley Orgánica del Ambiente (LOA, 2006), en el Art. 35 se vincula el ambiente con temas asociados a ética, paz, derechos humanos, participación protagónica, la salud, el género, la pobreza, la sustentabilidad, la conservación de la diversidad biológica, el patrimonio cultural, la economía y desarrollo social, el consumo responsable, la democracia y el bienestar social, la integración de los pueblos, así como la problemática ambiental mundial; cuya afirmación radica en el hecho de que los huertos comunitarios bajo practicas agroecológicas, por naturaleza constituyen temas vinculante con los valores ambientalistas, participación, además de aportar beneficios específicos a los medios que integran el ambiente.

Simultáneamente, en el Artículo 36 (Ejusdem), se contempla la generación de procesos de educación ambiental, lo cuales refieren que los responsables en la formulación y ejecución de proyectos que impliquen la utilización de los recursos naturales y de la diversidad biológica, deben generar procesos permanentes de educación ambiental, que permitan la conservación de los ecosistemas y el desarrollo sustentable.

c.) Ley Orgánica de Educación (2009), hace referencia en el # 5 del Artículo 15 a los fines de la educación signada por la educación ambiental: se debe Impulsar la formación de una conciencia ecológica para preservar la biodiversidad y la sociodiversidad, las condiciones ambientales y el aprovechamiento racional de los recursos naturales. Mientras que el # 6: Formar en, por y para el trabajo social liberador, dentro de una perspectiva integral, mediante políticas de desarrollo humanístico, científico y tecnológico, vinculadas al desarrollo endógeno productivo y sustentable.

6.11.- Salubridad Pública

Según el Buscador Electrónico Google (en agosto de 2023, con aportes del autor del libro), la Salud pública es la respuesta organizada de una sociedad dirigida a promover, mantener y proteger la salud de la comunidad, mediante la edificación de instalaciones hospitalarias modernas e innovadoras para cubrir las exigencias de *profilaxis social* proveniente de las ciencias jurídicas y políticas o de otros padecimientos humanos y prevenir enfermedades, lesiones e incapacidad, con gestiones ambientales de base sustentable, como la instalación en municipios del país de plantas de tratamiento de aguas residuales (PTAR) y también de plantas de tratamiento de agua potable (PTAP).

Asimismo, de una gran planta de compostaje, que permita convertir la basura de carácter orgánica en abono, que servirá de sustento al desarrollo de Huertos Ecológicos, como el caso de San Francisco (EEUU) próxima a convertirse en la 1era ciudad del mundo sin vertederos, al igual que España, según video de la aplicación de mensajería instantánea para teléfonos inteligentes denominado WhatsApp; cuya práctica sustentable genera los siguientes beneficios:

a) Reducción de la basura orgánica a nivel cero y eliminación de la contaminación ambiental (suelo, agua y aire), en particular en los ámbitos citadinos.

b) Descenso de la producción de metano como gas del efecto invernadero y con ello mejora el control del Calentamiento Global, máxime si también recurrimos a la práctica de la Arboricultura o plantaciones forestales con fines ornamentales.

c) Elimina la aplicación de agrotóxicos (plaguicidas, herbicidas y fertilizantes), porque el abono orgánico produce cultivos más resistentes al ataque de plagas y enfermedades e incluso mayormente resistentes a la sequía; reduciéndose de esta manera el costo de producción de alimentos con las practicas ecológicas.

d) El empleo se proyecta potencialmente porque genera 200 veces más trabajo.

e) Requerimiento en todos los municipios del Zulia y país la colocación estratégica de conteiner para la disposición de la basura (residuos) de tipo orgánica.

f) Producción de alimentos sanos y vigorosos sin el uso de agroquímicos que ocasionan la contaminación ambiental y que conjuntamente con la basura originan las epidemias y brotes infecciosos en una comunidad (huésped de patógenos).

g) Se cubre en menor extensión de terreno la producción de alimentos sanos para sufragar las necesidades de hambre que padece la población venezolana y de otros países del mundo.

Funciones de la Salud Pública

i. Prevención de la salud pública:

La prevención se refiere al control de las enfermedades poniendo énfasis en los factores de riesgo (p/e:

la enfermedad, la pobreza en la vejez y el desempleo), y poblaciones de riesgo (p/e: a falta de vivienda, la carencia en los hospitales, los deficientes servicios públicos, niños de la calle, ancianos sin atención).

i. Vigilancia y control de enfermedades transmisibles.

La vigilancia de las enfermedades transmitidas por alimentos (VETA), es el conjunto de actividades que permite reunir la información indispensable para conocer la conducta o historia natural de las enfermedades y detectar o prever cambios que puedan ocurrir debido a alteraciones en los factores condicionantes.

ii. Monitoreo de la situación de salud.

En la Región de las Américas, la República Bolivariana de Venezuela se ubicó en la posición 39 en cuanto a cantidad de muertes por COVID-19 en el 2020, en tanto que para 2021 ocupó la posición 48, con una cifra acumulada para ambos años de 188 muertes por millón de habitantes.

iii. Promoción de la salud.

La promoción de la salud está centrada en la fortaleza social y pone su acento en los determinantes de la salud y en los determinantes sociales de la misma.

iv. Protección del ambiente.

El Gobierno Bolivariano de Venezuela, ha elaborado leyes a favor del ecosistema, que permiten establecer mecanismos de control para garantizar a la población un ambiente limpio, respirar aire puro, conservar las especies en extinción, entre otros (De los Derechos Ambientales, artículos 127 al 129 de la CRVB, 1999). Mientras que el artículo 1 de la Ley Orgánica del

Ambiente (LOA, 2006): La presente Ley tiene por objeto establecer dentro de la política del desarrollo integral de la Nación, los principios rectores para la conservación, defensa y mejoramiento del ambiente en beneficio de la calidad de la vida, lo cual genera las 7 formas sencillas para proteger en el país los medios que conforman el ambiente:

• Cultiva tus propios alimentos con las prácticas agroecológicas. Los productos ecológicos generan menos *contaminación ambiental* ya que en ellos no se utilizan fertilizantes u otros productos agro tóxicos.

• Planta árboles del bosque nativo para cubrir los requerimientos de la sociedad.

• Ahorra agua y energía eléctrica

• Separa o segrega la basura para el reúso, reciclaje, regeneración y compostaje.

• Reutiliza y recicla todo lo que puedas.

• Conecta con la naturaleza con el respeto de sus leyes inexorables.

Los 8 Principios de Salud Pública (consulta a Internet y opinión propia del autor)

• Consumo de Agua Potable (tratada): Establece una meta diaria de consumo de agua, como 8 vasos al día.

• Descanso adecuado: Establece una rutina de sueño regular, intentando acostarte y levantarte a la misma hora todos los días.

• Realiza de manera rutinaria Ejercicio Físicos y Mentales al menos con la lectura o los juegos de mesa didácticos.

• Luz solar solo en horarios de 7 am a 11 am y de 4 pm en adelante

• Procure Respirar Aire puro entorno a áreas protegidas, parque y jardines.

• Administre Nutrición balanceada

• Tenga Esperanza con propuesta de metas realizables.

7. VENTAJAS Y BENEFICIOS DE LA MATERIA ORGÁNICA EN EL SUELO

A continuación, se especifican los beneficios del abono orgánico en el subsuelo, así como las amplias ventajas de la misma para la salud pública (Guillén, 2013b):

7.1 TIENE EFECTO POSITIVO ESPECÍFICO SOBRE EL MEDIO BIOLÓGICO:

Fomenta la existencia y multiplicación de los organismos vivos esenciales en el subsuelo para las plantas, tales como: hongos, micorrizas, bacterias y lombrices de tierra, u otros, los cuales permiten transformar en humus la materia orgánica que se va depositando en el suelo, para facilitarle fijar ciertos nutrimentos que requieren los vegetales en sus procesos vitales.

7.2. MEJORA LAS PROPIEDADES FÍSICAS Y QUÍMICAS DEL SUELO:

Vigoriza las propiedades físicas, tales como:

• Perfil, El perfil de un suelo es la ordenación vertical de todos sus horizontes hasta la roca madre. Los horizontes o niveles son capas que se desarrollan en el seno del suelo y que presenta cada uno de ellos características diferentes.

• Textura, Son conocidas como triángulo de texturas, las líneas trazadas en el triángulo (paralelas a los lados), fijan los límites porcentuales de cada componente (Arcilla, limo y arena). Por ejemplo, si un suelo contiene 60 % de arena, 30 % de limo y 10 % de arcilla corresponde a una textura franca arenosa.

• Estructura, la estructura del suelo se define por la forma en que se agrupan las partículas individuales de arena, limo y arcilla. Cuando las partículas individuales se agrupan, toman el aspecto de partículas mayores y se denominan agregados.

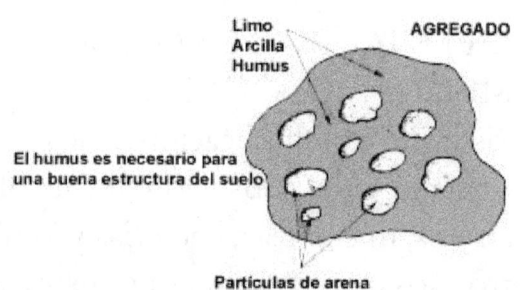

Fuente: FAO (2020). Economía de Desarrollo Agrícola. Documento de antecedentes para el estado de la seguridad alimentaria y la nutrición en el mundo.

La forma más provechosa de describir la estructura del suelo (véase fig. anterior), es en función del *grado* (nivel de agregación), la *clase* (tamaño medio) y el *tipo de agregados* (forma). En algunos suelos se pueden encontrar juntos distintos tipos de agregados y en esos casos se describen por separado. En la figura anterior se explica brevemente los diversos términos que se utilizan más comúnmente para describir la estructura del suelo. Esto ayuda a hacerse un juicio más acertado sobre la calidad del suelo donde piensa cultivar

• Porosidad, instruirse en conocimientos de la porosidad del suelo es importante por su contribución a los servicios ambientales hidrológicos, tales como la captación, el transporte y el almacenamiento del agua en la cuenca hidrológica.

• Capacidad de retención de humedad, la retención de agua es la propiedad hidrofísica del suelo que puede ser descrita por la dependencia entre el contenido de agua del suelo y el potencial del agua del suelo.

• Drenaje, corresponde a la acción de evacuar las aguas que se acumulan sobre la superficie del suelo por efectos de inundación, anegamiento o encharcamiento. Se caracteriza por que la presencia de la lámina de agua sobre la superficie del terreno satura la parte superior del suelo.

• Permeabilidad, es la propiedad que tiene el suelo de transmitir el agua y el aire y es una de las cualidades más importantes que han de considerarse para el desarrollo de la agricultura.

• Aireación: El proceso de aireación del suelo o soil aeration, como se le conoce en inglés, hace referencia a la composición del aire en el suelo, y a los efectos que ella tiene sobre la absorción, producción y transferencia de gases en un terreno en el que se van a establecer cultivos. Además, tiene un efecto positivo sobre las propiedades químicas, porque:

a) Mantiene un pH óptimo entre 5.8 - 6.8, y

b) Suministra los nutrientes vegetales indispensables; es decir, la presencia de abundante materia orgánica es sinónimo de fertilidad del suelo.

7.3. RETIENE HUMEDAD:
Ayuda al suelo a retener humedad y cederla a las plantas con mayor facilidad. También contribuyen a que las plantas resistan la situación extrema de sequía.

7.4. AIREA EL SUELO:
Da mayor circulación de O_2 en el suelo, lo que favorece la reproducción de las bacterias aeróbicas, quienes descomponen con mayor rapidez la materia orgánica y no producen malos olores en el proceso de transformación de la misma, como las bacterias anaeróbicas.

7.5 FAVORECE EL ÓPTIMO PROCESO DE LAS RAÍCES DE LAS PLANTAS:
Logra darle mayor vitalidad y vigorosidad al sistema radicular, quienes absorben los nutrimentos y el agua del subsuelo, por consiguiente, al follaje de forma útil, porque en los vegetales sus partes aéreas o follaje (tallo, ramas y hojas) y la parte subterránea o raíces de los mismos crecen en forma proporcional.

7.6. FACILITA LA LABRANZA EN EL SUELO:
Las partículas del suelo son capaces de mantenerse granuladas, permitiendo con más facilidad el proceso de arado o de escarda.

7.7. DISMINUYE LA EROSIÓN HÍDRICA:

Subyuga la escorrentía del agua reduciendo grandemente la erosión hídrica de tipo surco o cárcava, en particular si se aplican debidamente las medidas de Ing. Ambiental (MIA).

7.8 DISPONE MÁS TIERRA PARA OTROS USOS:

Produce > cantidad de alimentos en < superficie, en consecuencia, libera y/o dispone más tierra para el uso pecuario, forestal, y para las Áreas Bajo Régimen de Administración Especial (ABRAE's), u otros usos del suelo, como: uso mineral, residencial e industrial.

7.9 MINIMIZA LA CONTAMINACIÓN:

Dispone adecuadamente la basura de carácter biodegradable, lo que favorece a resolver un grave problema de salud pública, al disponer de manera adecuada la corriente de desechos generados en las ciudades principalmente (residuos), lográndose lo recomendable de la Economía Circular, al transformar los desechos en materia prima y minimizar los impactos ambientales adversos.

7.10 CONTRIBUYE A PRODUCIR ALIMENTOS SANOS:

Contribuye con la salud humana al producir legumbres, hortalizas, verduras y cereales más nutritivos y libres de contaminación con agrotóxicos, porque al haber buena capacidad agrológica de los suelos, los fertilizantes y biócidas no son necesarios para su nutrición y para su control fitosanitario, respectivamente e incluso con las malezas al competir los cultivos útiles satisfactoriamente con ellas.

8. LOS COMPOSTEROS (preparación de excelente abono orgánico)

El compostaje proporciona la posibilidad de transformar de una manera segura los residuos orgánicos en insumos para la producción agrícola. La FAO (tomado de Pilar y otros, 2013), define como compostaje a la mezcla de materia orgánica en descomposición en condiciones aeróbicas que se emplea para mejorar la estructura del suelo y proporcionar nutrientes (Portal Terminológico de la FAO, FAOTERM3). Sin embargo, no todos los materiales que han sido transformados aeróbicamente, son considerados compost; porque los elementos transformados deben ser de variedad abundante y en cantidades equitativas, cuyo proceso incluye diferentes etapas que deben cumplirse para obtener compost de calidad.

Según Bueno (2009), los Composteros son los diversos tipos de recipientes, envases o estructuras de diferentes materiales, formas y tamaños, utilizados para obtener las sustancias naturales producidas a través de la disgregación de la materia orgánica de diversos orígenes, mediante la acción de las bacterias de carácter aeróbica principalmente, bien para acelerar el proceso y para no producir malos olores, el cual puede ser promovido por la acción antrópica o elaborado de manera natural (humus que se localiza en el sotobosque o piso del bosque, p/e).

8.1.- CÓMO CONSTRUIR UNA PILA DE COMPOSTERO

Para la preparación de abono orgánico en cualquier clase y tipo de compostero, el proceso es similar. Simplemente consiste en la distribución en capas sucesivas de diversos tipos de elementos orgánicos diversos y sobre ellos ciertos ejemplares de compuestos inorgánicos de origen natural como fosforita, cal apagada, sulfato de hierro, ceniza, roca caliza triturada y tierra agrícola, entre otros, colocados en una superficie cilíndrica, cuadrada o rectangular, bien en un hoyo sobre el suelo o en bancales u otros envases que se tengan a disposición.

En la *figura 8.1,* se puede observar la preparación inducida con la acumulación en tres (3) capas sucesivas de diversos tipos de elementos orgánicos incluyendo estiércol y una cuarta (4) capa utilizada para cubrirlos con materiales inorgánicos, a objeto de evitar malos olores del excremento y la proliferación de moscas.

FIGURA 8.1: constitución de una pila de compostero

4ta. Capa	Excrementos y/o estiércol de gallina o animales de corral, porque tienen elevado contenido de nitrógeno, y sobre el estiércol colocar fosforita, sulfato de cobre, caliza y ceniza, entre otros.
3ra. Capa	Materiales Húmedos ($\approx$ 10 cm): hojas y ramas verdes, grama y/o pasto, desperdicios de la cocina, desechos de jardín, desperdicios industriales de carácter biodegradable.
2da. Capa	Componentes secos ($\approx$ 10 cm): hojas, ramas, aserrín, conchas de fruta, cáscaras de café, arroz y trigo, pelos, huesos, trapos, otros.
1ra. Capa	Arena o grava ($\approx$ 10 cm) Área de drenaje que evita la inundación que produce falta de oxígeno

FUENTE: Elaboración Propia, basada en la experiencia del autor, con el fortalecimiento del conocimiento de las diferentes referencias bibliográficas consultadas. Maracaibo, agosto de 2023

Dichas capas pueden ser repetidas cuantas veces lo permita la altura del envase del compostero y deben ser removidas después de transcurrir unos 15 días de manera periódica, hasta lograr su madurez que será cuando exista una mezcla homogénea (2-3 meses); siendo éste el momento indicado para poder sembrar y/o cultivar sobre las barbacoas, las cuales utilizan como sustrato la mezcla proveniente del compostero, combinada con capa vegetal (25%) y arena (25%), para obtener una textura franco limosa-arenosa, que es la condición óptima para que prosperen normalmente los cultivos agrícolas en general.

Como resultado, en un corte de la pila (véase figura 8.1), se puede observar cómo está constituida y el orden o secuencia de distribución de los elementos del compost. La primera capa; es decir, la inferior estará compuesta por arena o grava fina de unos 5 - 10 cm, para facilitar el drenaje de la pila, evitando de esta manera la inundación de la misma y por ende la ausencia de O_2, cuyo elemento facilita la propagación y el trabajo de las bacterias de carácter aeróbicas, que son los microorganismos encargados de la descomposición y nitrificación de materia orgánica en el subsuelo (IMAU, 1985 y experiencia propia del autor).

Posteriormente, la siguiente capa también de 5-10 cm, estará compuesta por materia seca, como: huesos, pelo o cabello, hojas, aserrín, conchas de frutas, pedazos de palo, cáscara de arroz, café, trigo y trapos viejos, entre otros; luego encima de los componentes secos se coloca una capa de 5-10 cm de residuos de materia húmeda, los cuales se puede obtener de grama, hojas verdes, restos o desperdicios de cocina, residuos provenientes del control de malezas, de la siembra y residuos de poda del jardín, así como desperdicios industriales (restos del almidón de yuca, cascaras de arroz y melaza (alimenta a las bacterias), p/e), entre otros. Como cuarta capa los excrementos de animales, acumulando sobre ella los materiales inorgánicos naturales antes referidos, para depreciar el mal olor del estiércol y evitar moscas, asimismo para suministrar nutrimentos vegetales; como: nitrógeno, fósforo, calcio, azufre, hierro y potasio, entre otros.

En relación al estiércol, es preferible utilizar gallinácea, o bien el de ganado de corral, porque tiene más alto contenido de nitrógeno, resultante de la orina (urea), cuyo elemento es indispensable para el crecimiento y vigorosidad de las plantas. Sobre él se debe colocar una capa fina de caliza, sulfato de hierro, ceniza y fosforita, quienes a la par de suministrar calcio, azufre, hierro, potasio y fósforo, respectivamente, evita el acercamiento de moscas y de otros insectos en la fase inicial de la fabricación de abono orgánico.

A la pila de compostero debe suministrársele constantemente agua, para que permanezcan los materiales húmedos y abrírsele orificios para que penetre el O_2, luego taparlos para evitar la pérdida de agua por la influencia del sol y también pintar la tapa y envase de negro con el fin de elevar la temperatura, para acelerar el proceso de descomposición de la materia orgánica en humus. Asimismo, para evitar la inundación del compostero por el ingreso de agua proveniente de la lluvia, por lo que la pila se debe tapar con bolsas plásticas/sacos de color negro.

8.2.- MATERIALES UTILIZADOS PARA COMPOSTAR

De acuerdo a Yuste (2004), una mezcla de materiales ricos en N (nitrógeno), maduros, húmedos y secos, se descomponen siempre mejor que un compost de pocos materiales, a los cuales hay que agregarle F (fosforo) y P (potasio), como nutrimentos indispensables para la mayoría de las plantas. La regla consiste en mezclar partes iguales de materiales vegetales ricos en N, entre otros nutrimentos el Carbono, lo cual origina una excelente fermentación, utilizándose los siguientes materiales para Compostar:

8.2.1.- De Carácter Orgánico

El carbono (**C**) es singularmente adecuado para cumplir un papel central en los compuestos orgánicos, por el hecho de que es el átomo más liviano capaz de formar múltiples enlaces covalentes (ob. cit., 2004 y otros autores consultados). A raíz de esta capacidad, el carbono puede combinarse con otros átomos de carbono y con átomos distintos (H y O, p/e). Una característica general de todos los compuestos orgánicos es que liberan energía cuando se oxidan. Una de las principales características de estas sustancias, es que arden y pueden ser quemadas porque son compuestos combustibles. Existen compuestos orgánicos que se producen de forma artificial con síntesis química, aunque la mayoría se extraen de fuentes naturales de origen animal o vegetal.

Las moléculas orgánicas pueden ser de dos (2) tipos:

8.2.1.1.- Moléculas orgánicas naturales:

Son las sintetizadas por los seres vivos, y se llaman biomoléculas, las cuales son estudiadas por la bioquímica animal o vegetal y las derivadas del petróleo como los hidrocarburos (ob. cit., 2004; ULA, 1980 y 1981: Cátedras de Suelo I y II, Fisiología Vegetal y Ecología Vegetal cursadas en la carrera de Ing. Forestal y buscadores electrónicos de Internet).

- De Origen Vegetal

La lista de materiales presentada a continuación, está ordenada desde los elementos que se descomponen más lentamente, que se corresponden con los más viejos y/o antiguos, los cuales tienen un bajo contenido en nitrógeno, pero > contenido de carbono, hasta los materiales más jóvenes, que coinciden con los materiales que se descomponen más rápidamente y son más ricos en N (nitrógeno), pero con < contenido de carbono.

A continuación, la lista de materiales de origen vegetal con su correspondiente relación Carbono Vs. Nitrógeno:

a) > C: Virutas de madera, aserrín, cartón, papel, salvado de cereales, mazorcas, papa, heno o acolchado viejo, hojas secas, entre otros elementos.

b) > N: plantas y maleza verde, algas, césped, hojas de hortalizas, restos de cosecha, restos de cocina, entre otros.

- De Origen Animal:

Son los materiales derivados de la fauna silvestre y domestica al sucumbir o vivos, e incluso de seres humanos: Plumas, pelos, piel, dientes, huesos, lana, conchas de mariscos y moluscos, escamas de pescado y estiércol (el fresco tiene mayor contenido de N), entre tantos otros.

- Hidrocarburos

Son compuestos orgánicos formados únicamente por átomos de carbono e hidrógeno (C+H). La estructura molecular consiste en un armazón de átomos de carbono a los que se unen los átomos de hidrógeno. Los hidrocarburos son los compuestos básicos de la Química Orgánica y aun son actualmente la principal fuente de energía eléctrica y de calor (como la calefacción de los hogares), debido a la energía que se produce cuando se quema. Las cadenas de átomos de carbono pueden ser lineales o ramificadas y abiertas o cerradas. Los que tienen en su molécula otros elementos químicos (heteroátomos), se llaman *hidrocarburos sustituidos*.

Los hidrocarburos se clasifican en dos tipos, que son alifáticos y aromáticos.

a) Los alifáticos, a su vez se pueden clasificar en alcanos, alquenos y alquinos según los tipos de enlace que unen entre sí los átomos de carbono. Las fórmulas generales de los alcanos, alquenos y alquinos son C_nH_{2n+2}, C_nH_{2n} y C_nH_{2n-2}, respectivamente (Guillén, 2012b e Internet).

b) Mientras que los hidrocarburos aromáticos son aquellos hidrocarburos que poseen las propiedades especiales asociadas con el núcleo o anillo del benceno, en el cual hay seis (6) grupos de carbono-hidrógeno unidos a cada uno de los vértices de un hexágono. Los enlaces que unen estos seis (6) grupos al anillo presentan características intermedias, respecto a su comportamiento, entre los enlaces simples y los dobles. La importancia económica de estos hidrocarburos ha aumentado progresivamente desde que a principios del siglo XIX se utilizaba la nafta de alquitrán de hulla como disolvente del caucho. En la actualidad, los principales usos de los compuestos aromáticos como productos puros son:

i. Síntesis química de plásticos, caucho sintético, pinturas, pigmentos, explosivos, pesticidas, detergentes, perfumes y fármacos.

ii. También se utilizan, principalmente en forma de mezclas, como disolventes y como constituyentes, en proporción variable de la gasolina. El cumeno se utiliza como componente de alto octanaje en los combustibles de los aviones, como disolvente de pinturas y lacas de celulosa, como materia prima para la síntesis de fenol y acetona y para la producción de estireno por *pirolisis*.

iii. Además se encuentra en muchos disolventes comerciales derivados del petróleo, con puntos de ebullición que oscilan entre 150 y 160 °C. Es un buen disolvente de grasas y resinas y, por este motivo, se ha utilizado como sustituto del benceno en muchos de sus usos industriales. El p-cumeno se encuentra en muchos aceites esenciales y se puede obtener por hidrogenación de los terpenos monocíclicos. Es un subproducto del proceso de fabricación de pasta de papel al sulfito y se utiliza principalmente, junto con otros disolventes e hidrocarburos aromáticos, como diluyente de lacas y barnices. La cumarina, se utiliza como desodorante o como potenciador del olor en jabones, tabaco, productos de caucho y perfumes. Asimismo, se utiliza en preparados farmacéuticos (Internet).

8.2.1.2.- Moléculas orgánicas artificiales:
Son sustancias que no existen en la naturaleza y han sido fabricadas o sintetizadas por el hombre como los plásticos. Son compuestos integrados principalmente por carbono, y otros como azufre, hidrógeno, oxígeno y nitrógeno. También se designan plásticos o materiales sintéticos, obtenidos mediante la & quot; Polimeración & quot; que es la multiplicación artificial de los átomos de Carbono en largas cadenas moleculares de compuestos orgánicos derivados del petróleo y otras sustancias (ob. cit., 2004 y otros como buscadores de Internet). Son maleables y dúctiles, por lo que se pueden deformar en láminas e hilos respectivamente. Ejemplo el PVC: Es el plástico que en la ferretería se conoce como PVC. Se usa en revestimientos & quot; vinílicos & quot; en las casas, linóleo para los pisos, techos vinílicos, cañerías, impermeables y cortinas para baño.

La línea que divide las moléculas orgánicas de las inorgánicas ha originado polémicas e históricamente ha sido arbitraria, pero generalmente, los compuestos orgánicos tienen carbono con enlaces de hidrógeno, y los compuestos inorgánicos, no lo tienen. Así el ácido carbónico es inorgánico, mientras que el ácido fórmico, el primer ácido carboxílico, es orgánico. El anhídrido carbónico y el monóxido de carbono, son compuestos inorgánicos. Por lo tanto, todas las moléculas orgánicas contienen carbono, pero no todas las moléculas que contienen carbono, son moléculas orgánicas (ob. cit., antes citadas).

8.2.2.- De Carácter Inorgánico:

Son los materiales provenientes de polvo de rocas calcáreas, fosforita, caliza, sulfato de hierro y ceniza volcánica, entre otros materiales o elementos que tienen que estar presente en los compost para enriquecer el abono fabricado.

8.3.- MATERIALES UTILIZADOS EN LA CONSTRUCCIÓN DE COMPOSTEROS

a) Madera: las más comunes son las costaneras resultantes del encuadrado de las rolas en los aserraderos, el uso de estantillos o varetas (p/e). Un compostero de madera es una estructura rectangular o cuadrada diseñada específicamente para el compostaje casero. Consiste en una caja o contenedor hecho de madera, que se utiliza para contener los desechos orgánicos generados en el hogar o el comercio y facilitar su descomposición natural. La madera es un material ideal para construir un compostero, ya que es resistente, duradera y permite la circulación de aire necesaria para el proceso de compostaje.

b) Metal: tiene poca utilidad en el uso de la fabricación de un compostero, al menos que sea un artefacto reusado del hogar (nevera, lavadora, carretilla, pipas), dado que el costo del material en el comercio es elevado y poco manejable.

c) Plástico e incluso con envases grandes reusados de vidrio. De igual forma, son materiales de poca utilidad en el uso de la fabricación de un compostero.

d) Malla plástica o metálica del tipo gallinera o galvanizada para cercos.

e) Bloques de concreto o de arcilla de 10 cm de ancho o de espesor.

f) Concreto vaciado: por el elevado costo tiene poca utilidad.

g) Pared de la calicata, cuando es construida sobre el subsuelo.

8.4.- TIEMPO DE FABRICACIÓN DEL ABONO ORGÁNICO

El momento en que está terminado el compost es cuando está maduro, de color castaño oscuro y tiene un olor agradable; es decir, los materiales están bien descompuestos, porque no hay diferenciación entre ellos, lo que indica que existe una mezcla completamente uniforme, homogénea, después de haber transcurrido de 60-90 días (2-3 meses). No obstante, el tiempo se puede acortar si se trituran los materiales, se mantienen húmedos, bien aireados y con elevada temperatura, a la par de garantizar la presencia de abundantes bacterias de carácter aeróbicas, lombrices de tierra, ácaros y otros insectos del subsuelo, como ejemplos.

8.5.- CONDICIONES FAVORABLES PARA FABRICAR ABONO ORGÁNICO

A través de la fermentación aeróbica (producida y controlada), se obtienen los materiales o sustancias orgánicas logrados en el proceso de compostaje que sobrelleva a la descomposición, gracias a la actividad de microorganismos del subsuelo de carácter aeróbico como las bacterias descomponedoras, que trabajan en condiciones controladas tanto en aireación como de temperatura en la pila del compostero; por lo cual al establecer el compostaje se debe favorecer al máximo sus condiciones óptimas del proceso. De esta manera deben controlarse los siguientes aspectos (Yuste, 2004):

8.5.1.- Relación Óptima entre los elementos carbonados y nitrogenados en la mezcla de materiales en el compost

Según la referida autora, una mezcla de materiales ricos en nitrógeno (baja relación C/N) y húmedos, así como maduros y secos descomponen siempre mejor que un compost constituido por un solo material. Lo mejor es seguir la regla empírica según la cual dos partes iguales de materiales vegetales ricos y pobres en N dan una buena fermentación, conjuntamente con estiércol en elevado nivel de descomposición, aunado a cantidades controladas de materiales inorgánicos.

En efecto, un compost de huerto hecho a base de maleza, acolchado viejo, restos de cocina, y materiales inorgánicos, se le puede añadir cualquier cantidad de estiércol como cama debajo de la materia inorgánica, obteniendo de la pila un extraordinario compost o abono orgánico. En el compostero se van colocando en igual proporción material seca y rica en carbono y húmeda y rica en nitrógeno, cubriendo esta última capa con polvo de roca natural (caliza, fosforita, ceniza u otro) y añadiendo compost maduro para asegurarnos la correcta fermentación.

8.5.2.- Equilibrio entre el contenido de agua y aire

En la descomposición de materiales debe existir suficiente cantidad de oxígeno, el cual debe llegar a todos los rincones del compost y en todo momento del proceso aeróbico, para que la actividad bacteriana produzca dióxido de carbono (CO_2) que saldrá a la atmósfera y acelerara el proceso de preparación de abono orgánico.

Es decir, la aireación adecuada del compostero, será la condición básica para la descomposición. Si falta oxígeno, se produce putrefacción, con malos olores, porque actúan las bacterias anaeróbicas; además, es importante efectuar una buena mezcla de materias primas de diversos orígenes y contenido de humedad adecuado. Conviene que los restos orgánicos estén fraccionados o triturados, usándose para ello fileteadoras o trituradoras. El compost en descomposición debe mantenerse húmedo, pero no inundado; es decir, que cualquier partícula cuando se apriete con la mano no debe escurrir nada de agua.

8.5.3.- Facilidad de Descomposición: Elevada temperatura y humedad de la pila de compost
Según experiencias adquiridas, cuando se construye una pila de compost, aún sin inocularlo, una multitud de microorganismos del subsuelo se incrementan e inician a desarrollar sus actividades, cuyo metabolismo produce calor y al transcurrir tres (3) días la temperatura puede ser ligeramente superior a la ambiental e incluso elevarse de 65 a 75°C. Sin embargo, cuando alcanza esta temperatura, sólo algunos microorganismos siguen activos (bacterias descomponedoras). Esta temperatura se puede mantener constante por unos días sin dejar que se eleve más, por lo cual se tendría que regar la pila (humedecer) y la temperatura bajaría.
Además, un compost que contenga mucha materia inorgánica, no suele llegar a estas temperaturas, pero aquellos que contengan mucho estiércol se calientan con más rapidez. Con estas temperaturas elevadas se consigue que el compost se higienice, ya que el calor ha matado o destruido a la mayoría de las semillas de malezas, esporas y organismos patógenos.

Después, la temperatura decrece hasta alcanzar una ligeramente superior a la ambiental, manteniéndose más o menos estable hasta el final del proceso al cabo de unos 3-4 meses. En caso de pequeños Composteros domésticos, en los que el volumen de compost no será suficiente para generar tan altas temperaturas, se puede pintar de negro la superficie exterior y colocarlo en un lugar soleado. Así se logra que se acelere y mejore el proceso por aumento de temperatura.

8.5.4.- Asegurar una población de bacterias inicialmente

Las bacterias existen en la mayoría de los materiales en descomposición y no debe causar ningún problema su existencia; al contrario, mientras > población bacteriana exista, mayor será la descomposición de la materia orgánica; siendo opcional la adición de inóculos que acelerarían el proceso de descomposición de los materiales del compost.

En la **foto 8.5.4**, se evidencia Pila de Compostero en proceso de descomposición de la materia orgánica, usando cantero o bancal construido de bloques de concreto de 10 cm, el cual al hacerse humus y previa desinfección con 50 % de abono, sirve para establecerse la barbacoa como un bancal de producción definitiva, luego de agregársele combinación de mezcla proporcional de capa vegetal (25%) y restante de arena lavada de río preferiblemente; mientras que en la **foto 8.5.5.**, se observa la germinación de la semilla en el bancal de producción.

Foto 8.5.4: Recipiente (cantero o bancal) con bloque de 10 cm que contiene una Pila de Compostero en pleno proceso de descomposición de la materia orgánica, donde también puede establecerse la barbacoa como bancal de producción definitiva (**Fuente:** propia, casa de campo).

Foto 8.5.5: Bancal como huerto ecológico con semillas de tomate en proceso de germinación, donde permanecerá el cultivo hasta alcanzar la madurez fisiológica o cosecha (Yuste, 2004).

9. CONSTRUCCIÓN DE BARBACOAS

Las barbacoas son sistemas de producción de alimentos "sanos", especialmente si gran parte del sustrato o soporte físico de las plantas proviene de una pila de Compostero; cuya estructura tiene forma preferentemente rectangular, la cual puede construirse por desfonde en zanjas o bien sobre el suelo con materiales tales como: bloques de concreto de 10 cm, de bambú, madera u otro material resistente de bajo costo; del mismo modo, puede edificarse en forma elevada sostenida de pilotes o patas vistas en las fotos 9.5.1 y 9.5.2. En la selección de las plantas a cultivar, se debe considerar que las exigencias ecológicas, coincidan con las condiciones ambientales que ofrece el lugar donde se establecerán las barbacoas o huerta, cuyo listado se muestra en el **Cuadro 2**.

9.1.- CARACTERÍSTICAS
Las experiencias del autor del presente trabajo y la bibliografía referida, facilitan el aporte de las características particulares de las barbacoas, cuya información se indica a continuación:

9.1.1.- Dimensiones:
- **Largo:** De 4 - 20 m, según la regularidad y disponibilidad del terreno. Se sugiere no **>** 20 m, por razones de estética y manejo o por la situación geográfica del terreno en la mayoría de los espacios o áreas, que no son completamente planas, lo que dificulta alcanzar estas largas longitudes del bancal.
- **Ancho:** De 1-1,5 m para que faciliten las labores agrícolas por ambos lados. Deben separarse unas de otras 50-80 cm para permitir el acceso del productor, tanto para las labores de los cuidados agroculturales, como para la cosecha.
- **Profundidad:** de aproximadamente 20 cm por el alcance de las raíces de las hortalizas, que son las

que preferentemente se cultivan en las barbacoas. Las dimensiones varían de un productor a otro; cuya relatividad se deben al espacio disponible de terreno, la facilidad de manejo del cultivo, entre otros aspectos.

9.1.2.- Materiales utilizados: puede ser bloques de concreto o arcilla, bambú o guadua, maderas duras resistentes al ataque de hongos u otros patógenos, sobre todo las costaneras provenientes de los aserraderos al encuadrar las rolas o bien de madrinas, varetas y estantillos desincorporados, entre otros.

9.1.3.- Mezcla y/o substrato utilizado: Abono orgánico derivado de compost (50%), arena (25%) y restante de turba o capa vegetal, todos mezclados.

9.1.4.- Orientación: se recomienda disponer las barbacoas a lo largo en sentido este-oeste, en el recorrido del sol, a fin de favorecer las plantas con la mayor fotoperiodicidad posible, separados los bancales unos de otras de 0,5-0,8 m para facilitar el libre tránsito del productor agrícola para realizar las labores de Mtto del cultivo y/o cuidados técnicos agroculturales, así como obtener su correspondiente cosecha (Rincón, 2003).

9.1.5.- Ubicación: se debe elegir preferentemente un sitio plano o semi plano, para que no se escurra el agua de riego o de lluvia por la pendiente; también la disponibilidad de abundante agua para el riego, protegido de los vientos y de los animales que pudieran afectar al huerto ecológico, como: insectos (bachacos), lagartijos, pájaros, nematodos, miriápodos y roedores, entre otros; por lo cual se prefiere que la huerta esté lo más cercana a la casa del productor, con lugares arbolados para proteger a los cultivos del viento y del exceso de sol.

9.1.6.- Ventajas: La producción de hortalizas o de cualquier otro cultivo en barbacoas ofrece las siguientes ventajas (Guillén, 2013a):
a) Aprovecha mejor el espacio disponible.
b) Ofrece mayor facilidad para el trabajo individual y colectivo.
c) Tiene mayor rendimiento por metro cuadrado (m^2).
d) Reduce los costos de producción.
e) Abastece continuamente de hortalizas frescas, sanas y vigorosas.

9.2.- TIPOS DE BARBACOAS
Según Rincón (2003), existen los siguientes tipos de Barbacoas:

9.2.1.- Elevada sobre pilotes: aumenta los costos de producción; no obstante, tienen ventajas sobre las otras, por la facilidad para las labores de cultivo y por el control de malezas y de las plagas que les producen daños y enfermedades a las plantas, al aislarlos del suelo o de los lugares donde se encuentran.

9.2.2.- Sobre el suelo: son las más comunes por lo práctico y funcional.

En ambos casos (elevada o sobre el suelo), los bancales o canteros utilizados como pila de Composteros, continúan siendo usados, previa desinfección como bancales de producción definitiva, donde las plantas alcancen la madurez fisiológica o estén aptas para la cosecha.

9.2.3.- Desfonde en zanjas: es técnica preferida en el hermano país Colombia y consiste en abrir una zanja en el subsuelo simulando a un bancal cóncava.

9.3.- DESINFECCIÓN DE LA BARBACOA:

Tiene como propósito garantizar el éxito en la producción de hortalizas por este sistema. Se sugiere antes de cada siembra desinfectar la mezcla del sustrato, para controlar las plagas que atacan y dañan a los cultivos. Entre los asépticos se pueden utilizar los mencionados a continuación (ULA, 1980 y 1981):

a) Agua caliente y vapor de agua.

b) Quema de residuos vegetales en su interior.

c) Productos químicos, como: Bromuro de Metilo, VAPAM, Formol al 40%, Brasicol y Vitigran, entre otros, restringida por tratarse de módulos químicos; cuya desinfección debe realizarse cada vez que se vaya a establecer un cultivo nuevo, el cual tiene por objeto eliminar agentes patógenos y posibles semillas de malezas que se encuentran en el substrato. Por ejemplo: se puede diluir 1-1,5 litros de Formol al 40% en 50 l de agua pura, para desinfectar unos 10 m² de barbacoa, la cual se debe cubrir con papel periódico o sacos durante 5 días, regándola diariamente, dejándose reposar unos 15 días el bancal para sembrarlo.

En el control químico se debe considerar los siguientes aspectos:

- Usar el equipo apropiado y los implementos de protección personal (EPP).

- Usar las dosis adecuadas.

- Rastrillar el terreno para eliminar los gases acumulados luego de haber pasado el efecto del producto químico (unos 15 días de transcurrir el control).

9.4.- CUIDADOS TÉCNICOS AGROCULTURALES DE LAS BARBACOAS

De las experiencias adquiridas por el autor como agrotécnico y de las citadas bibliográficas a continuación, se indican las actividades de Mtto de las Barbacoas:

9.4.1.- Plantación o Siembra: puede ser directa en toda el área de la barbacoa, hasta que las plantas alcancen su ciclo de vida o también puede provenir de trasplante de las plántulas desde un bancal semillero. Entre los métodos conocidos tenemos los siguientes:

  - En Surcos o en Hilera: con separaciones según la especie a cultivar.

  - Al voleo: ocurre cuando se utiliza bancal semillero y luego se trasplanta con distribución uniforme al bancal de producción o en su defecto cuando la especie ocupa poco espacio aéreo, cuyas semillas son cubiertas con una fina capa de arena, que le permitan germinar con facilidad; sin embargo, puede realizarse aclareos cuando el cultivo está muy denso y existe competencia entre plantas.

9.4.2.- Riego: para que sea efectivo, la superficie de la barbacoa debe estar bien nivelada, para evitar el arrastre del sustrato y de las semillas, el cual puede efectuarse con regaderas o aspersores y con mangueras provistas de ducha, para evitar daños a las plántulas. Se considera en el riego lo siguiente:

- Dosis: abundante en las primeras horas de la mañana o ultimas de la tarde.

- Frecuencia: según la necesidad del cultivo y la capacidad de retención de agua por el suelo; es decir, debe tener buena substitución de agua que le garanticen normal evolución y avance de las plantas que se están cultivando.

9.4.3.- Fertilización y/o abonamiento: se debe evitar en lo posible usar fertilizantes químicos, porque altera la naturaleza que contiene el suelo, por lo cual se prefiere el abonamiento orgánico.

Abono Orgánico: mientras más variados sean los elementos orgánicos para preparar Composteros o humus, más rico será en nutrimentos vegetales, lo que causa remplazar el uso de la fertilización sintética, para complementar la fertilidad del suelo; cuya acción puede aplicarse (abonamiento), cada vez que se dé inicio a nuevos cultivos; es decir, agregar a la barbacoa una parte complementaria de humus cuando se vuelva a cultivar.

9.4.4.- Escarda: actividad que consiste en el control de malezas, las cuales afectan los cultivos de la siguiente manera:
a) Compiten por el espacio aéreo y por los nutrientes vegetales.
b) Sirven de hábitat para albergar las plagas o animales patógenos.
c) Dificultan las prácticas culturales y aumentan los costos de producción.

9.4.5.- Binas: Labor que consiste en la aireación del suelo para mejorar las condiciones físicas-mecánicas y biológicas del sustrato que soportan los cultivos agrícolas. También en esta operación se realiza la actividad de **aporque**, que consiste en amontonar cierta cantidad de tierra alrededor de la planta, con el fin:
a) de conservar la humedad,
b) favorecer el desarrollo de las raíces, y
c) darle mayor soporte a la planta.

9.4.6.- Control Fitosanitario: actividad realizada para evitar la presencia de plagas y enfermedades en los huertos, para lo cual se considera lo siguiente:

9.4.6.1.- Animales Patógenos: Entre los diversos enemigos que atacan y le producen daños a la huerta, están los siguientes:
a) las hormigas que se cargan las semillas hacia sus hábitats o cuevas;
b) las babosas, pulgones, gorgojos, ácaros, escarabajos, gusanos, chinches, mariposas y moscas, entre otros que producen daños al follaje recién emergido e interrumpen la germinación o rebrotes de los meristemas apicales y laterales;

c) los hongos que producen la hernia o potra de la col;

d) las bacterias que producen gangrena del tallo de la patata y la bacteriosis del apio; aun cuando existen otros tipos de bacterias de gran utilidad al hombre.

e) las royas que atacan a los espárragos;

f) las lagartijas y los ratones que destrozan la mayoría de los cultivos;

g) los ácaros que atacan los tomates, y

h) algunas especies de avifauna que se comen el follaje de las hortalizas.

9.4.6.2.- Medidas utilizadas para controlar los organismos patógenos

a) Medidas Naturales: Se sugiere para el control de plagas y enfermedades:

i. el uso de extractos de ajo, hojas de la especie eucaliptus, extractos de ají picante, semillas y hojas de la especie Nim que contienen Azidharatha, utilizado para el control de insectos y otros patógenos;

ii. cualquier otro fruto o semilla de características aromáticas que alejen, ahuyenten o repelen a las plagas;

iii. promover el control natural o biológico como medida preventiva; como:

- Presencia de sapos, insectos, aves, bacterias u hongos, que se coman a los animales patógenos o rompan con las etapas del proceso de reproducción (se coman los huevos y las larvas);

- Consuman las malezas, como ejemplo el pastoreo sin afectar cultivos.

b) Medidas Mecánicas: es una manera práctica y funcional de controlar un poco los animales enemigos que producen daños a los huertos ecológicos. Entre tales medidas tenemos las siguientes:

o Trampas a roedores y lagartijos.

o Equipos de atrapado de insectos con aparatos especiales, para lo cual debe vigilarse el refugio de los mismos.

c) Medidas físicas: Uso de elementos como el agua, la luz, el fuego y la electricidad, entre otros. Por ejemplo: se puede emplear el calor para destruir los parásitos existentes en las partes de la planta, teniéndose en cuenta de no afectar al cultivo o perjudicar a la planta a controlar. También es costumbre utilizar espantapájaros cuando las aves perjudican a los huertos.

d) Medidas culturales: se refiere a los cuidados o las Labores Técnicas de Mtto que requieren las plantas, para que se desarrollen fuertes y resistentes al ataque de plagas y enfermedades, entre los que se pueden sugerir los siguientes:

• Evitar la humedad excesiva para controlar la propagación de los hongos.

• Plantar dentro de los cultivos de hortalizas u otras especies, a algunas plantas medicinales o de uso en la cosmetología, que tengan olores aromáticos para que ahuyenten a los animales patógenos.

• Rotar los cultivos para que desaparezcan los patógenos que hayan quedado en el lugar del cultivo anterior.

• Eliminar las malas hierbas mediante la escarda, o airear el suelo con el binamiento, que también sirve para realizar el aporcamiento.

• Abonar la barbacoa cada vez que se dé inicio a un nuevo cultivo.

• Desinfectar la barbacoa cada vez que se dé inicio a un nuevo cultivo.

En las **fotos 9.5.1 y 9.5.2**, se observan los dos (2) tipos clásicos utilizados por los agricultores en la construcción de barbacoas; mientras que en las **fotos 9.5.3** al **9.5.6**, se visualizan algunos cultivos agrícolas desarrollados en la huerta establecida en las inmediaciones del campamento Motilón, que es el epicentro Gerencial de la Construtora Norberto Odebrecht, S.A., ejecutora del Proyecto Agrario Socialista Planicie de Maracaibo (2011), promovido por el Gobierno Nacional a través del Instituto de Desarrollo Rural (INDER), como una modalidad estratégica de ocupar las fronteras produciendo alimentos.

Fotos 9.5.1 y 9.5.2: Tipo de Barbacoa elevada sobre el suelo mediante el sostenimiento de pilotes construidos de madera y Barbacoa construida directamente en el suelo, cultivada de plantas medicinales, localizadas en el Sector San Francisco El Bajo del Estado Zulia, y producidas por el Sr. Geólfido Albornoz (suministrando riego a las plantas). Fuente propia (San Fco, 2010).

Fotografía 9.5.3 al 9.5.6, cultivos agrícolas avanzados en huerta de empresa privada transnacional laborando en el estado Zulia. **Fuente**: propia.

9.5.- EXIGENCIAS ECOLÓGICAS DE LAS HORTALIZAS

Cuadro 9.5: Exigencias de las hortalizas cultivadas en barbacoas

CULTIVO	CLIMA GRADOS CENTÍGRADOS	PROPAGACIÓN	SIEMBRA	DISTANCIA (cm) PLANTAS (ENTRE HILERAS)	SURCOS (ENTRE COLUMNAS)	COSECHA (DÍAS)
Acelga	12-19	Semilla	Directa sobre bancal de producción	20	50	70-90
Ajo	14-21	Semilla, Bulbos, Bhulbillos	Directa o Semillero	15	30	120-140
Apio	14-26	Semilla	Semillero	30	60	90-120
Berenjena	18-26	Semilla	Semillero	80	100	70-80
Cebolla	15-21	Bulbos	Directa	20	40	90-110
Cilantro	12-24	Semilla	Directa	Chorro	30	30 en adelante
Coliflor	14-22	Semilla	Semillero	50	80	80-110
Espinaca	14-25	Semilla	Directa	30	50	60 en adelante
Habas	12-20	Semilla	Directa	50	90	120-150
Lechuga	12-24	Semilla	Semillero	20	30	60-80
Pepino	16-26	Semilla	Directa	100	120	60-80
Perejil	14-22	Semilla	Directa	Chorro	15	Inicia floración
Pimentón	18-28	Semilla	Semillero	40	70	70-90
Puerro	16-24	Semilla	Semillero	15	20	90-110
Rábano	12-22	Semilla	Directa	10	25	30-35
Remolacha	13-20	Semilla	Directa	20	30	70-80
Repollo	14-20	Semilla	Semillero	40	60	70-80
Tomate	18-30	Semilla	Semillero	50	80	60-90
Zanahoria	12-20	Semilla	Directa	10	25	80-100

FUENTE: Rincón A. Elkin (2003). La Huerta Escolar y Familiar. Hortalizas cultivadas en Colombia y también en Venezuela, aunada a un grupo de especies, como: berro de agua, brócoli, remolacha, col berza, col crespa, colirrábano, espinaca, haba, nabo, pastinaca, rábano, raíz picante, repollito de Bruselas, repollo, ruibarbo, ruta bagá y salsifí, entre otros.

Según el Instituto Nacional de Investigaciones Agropecuarias (Serie Manuales de Cultivo INIA No II, 2019), el cultivo de hortalizas en Venezuela; cuyo Manual es el fruto de la investigación de especialistas del INIA, además de otras instituciones académicas, y de la larga experiencia acumulada de vinculación directa con los productores, en el mismo se presenta una minuciosa exposición de las más avanzadas tecnologías aplicadas al cultivo de los más importantes rubros hortícolas del país. Los referenciales tecnológicos desarrollados han permitido ir elevando la productividad de estos cultivos de manera sistemática, lo que permite suponer que puede alcanzar cotas aún mayores con su correcta y más amplia aplicación en las mesas de los venezolanos.

El cultivo de hortalizas en Venezuela se practica quizás desde antes de la llegada de Cristóbal Colón, solo que se daba en conucos y pequeños huertos familiares o comunitarios; destacando solo especies nativas del continente americano como: tomate, ají, pimentón y auyamas, pero que al llegar la colonización se ampliaron las especies a cultivarse, porque trajeron especies de otras latitudes de destino, que hoy día la disfrutamos en las mesas de nuestros paisanos, con variedad de modalidades en los sistemas de producción, e incluso la Practica Agroecológica, que incluye hasta especies de clima templado cultivadas en los Andes del país.

Las limitaciones y potencialidades del recurso tierra en Venezuela, es esencial para orientar el ordenamiento y zonificación de las actividades agrícolas, viales, urbanísticas, recreacionales, etc., así como para señalar algunas de las áreas de investigación agrícola prioritarias y en general para crear conciencia sobre este importante recurso natural renovable. La precisión que se logre en presentar esta visión, depende del grado de cobertura y detalle de los estudios de suelos y agroecológicos previos y en las practicas a realizarse.

CONCLUSIONES Y RECOMENDACIONES

La información suministrada en el presente trabajo, en particular es el producto de las experiencias del autor, logrados desde la educación primaria con la creación de huertos ecológicos en el Grupo Escolar Manuel Gual donde cursó estudios, continuando en la secundaria en el Centro de Ciencia Dr. Pedro Durant (fundador de los mismos en el país), así como de las obtenidas en las cátedras de estudio en la formación como agrotécnico y a la vez de conversaciones entre colegas del gremio de ingenieros forestales, al mismo tiempo con los ingenieros agrónomos u otros agrotécnicos productores de hortalizas en barbacoas u otros cultivos.

Al mismo tiempo, de los conocimientos adquiridos en cursos y talleres a los que ha asistido como participante espectador o promotor y visitas a productores de cultivos Organopónicos; así como de las fuentes bibliográficas consultadas.

Aunado con el responsable de este proyecto productivo, el mismo se desempeña en la actualidad como Gerente de Ambiente, Seguridad y Salud de Cementos Catatumbo, CA (CECAT, hasta la actualidad en agosto de 2023), cuyo proyecto de HEE ha sido promovido por la Alta Gerencia y la Alta Dirección de la citada empresa (desde 2011 hasta 2018), en el marco del Programa de Responsabilidad Social, con el compromiso a desarrollarlo en la comunidad en los 7 liceos que conforman el Distrito Escolar de la Villa del Rosario y sus entornos.

En relación con el proyecto, cabe destacar que el compostero es componente del huerto ecológico y que cualquier de estos que se logre construir, por pobre que sea su composición final (bajo en nutrientes vegetales), produce siempre a lo que se cultiva en barbacoa, innumerables mejoras que contribuyen a aumentar de manera considerable el rendimiento de las cosechas, lo cual se debe a la importancia que tiene la materia orgánica en el suelo, como efecto positivo propio para optimizar las propiedades físicas, químicas y biológicas; lográndose de esta manera el desarrollo sustentable de su capacidad agrologica.

En efecto, abundante materia orgánica en el suelo es sinónimo de fertilidad; es decir, suelo de excelente capacidad agrológica para producir mayor crecimiento y desarrollo de las plantas; a su vez ayudar a impedir el proceso de erosión en el suelo, porque absorben más fácilmente el agua de escorrentía proveniente de la lluvia, e igualmente facilita disponer el agua a las plantas.

Asimismo, se puede cultivar más cosechas en menor tierra: no solo produce más alimentos para más personas, sino que libera también más tierra para la actividad pecuaria, para bosques, para la vida silvestre y para la recreación. Además, soluciona uno de los grandes problemas que aquejan a la sociedad actual, que es el de la disposición adecuada de la basura sólida de origen orgánico, tanto en las zonas urbanas como en las suburbanas y lo más importante, contribuye con la salud al ayudar a producir vegetales, hortalizas y frutos libres de contaminación ambiental por agrotóxicos y mil veces más nutritivos.

Mientras que las barbacoas son huertas construidas en forma elevadas o sobre el terreno, utilizando o no costaneras de material consistente, realizadas en forma caceras, comercial e industrial, para producir sobre todo hortalizas de una manera sana y vigorosa, en particular si se utiliza como substrato la materia orgánica proveniente de Compostero, que son componente de los huertos ecológicos.

Las barbacoas en forma elevada son construidas por la comodidad para facilitar los cuidados técnicos culturales; asimismo, para aislar el bancal del ataque de los patógenos del subsuelo; no obstante, los costos de producción son mayores que las barbacoas establecidas directamente sobre el suelo, pero que las elevadas se justifican por el control de los animales patógenos y las malezas.

En las barbacoas, suelen usarse como materiales laterales: bloques de concreto o de arcilla de 10 cm de ancho, que son consideradas como las más económicas, aparte de las barbacoas sobre supuestos desechos de hogares, como: neveras, lavadoras, carretillas, etc., donde en algunas oportunidades también son usadas las costaneras procedentes de las rolas de las especies maderables cuando se encuadran en los aserraderos.

El presente trabajo de investigación que se ofrece, genera los conocimientos o insumos pertinentes a la integración de lo ambiental, lo social, económico y energético (producción de alimentos sanos), contribuyendo al manejo sustentable de la capacidad agrologica de los suelos y tomando en consideración los principios de equidad generacional y participación hacia una cultura ambiental integral o hacia lo que se denomina la ecoeficiencia.

Según Montes (2008), la **Ecoeficiencia** es la respuesta de la empresa privada, ante la difícil tarea de generar riqueza, de sobrevivir en un mercado meta cada vez más competitivo, de crear fuentes de trabajo estables y de promover el desarrollo económico y social, y a la vez reducir el impacto ambiental adverso de los procesos productivos, al generar menos cantidad de corrientes de desechos con reúso y reciclaje, tratado con el compostaje, entre otras prácticas ecológicas.

Es decir, la Ecoeficiencia es una herramienta del Programa de Gestión Ambiental empresarial, donde debe existir la armonía e interrelación entre la energía, la economía y la ecología en el ámbito industrial, a los fines de aprovechar de forma ética y con carácter conservacionista los recursos materiales, energéticos y laborales, de tal manera que se reduzcan los riesgos socionaturales y se eliminen o se prevengan los impactos ambientales perjudiciales sobre la salud y los ecosistemas, lográndose mayor rentabilidad y competitividad en el mercado meta.

Inicialmente el término Ecoeficiencia fue acuñado por el World Business Council for Sustainable Development (WBCSD), publicación del año 1992: "Changing Course". Está basado en el concepto de crear más bienes y servicios utilizando menos recursos, creando menos basura y logrando soluciones ambientales. Según la definición del WBCSD, la Ecoeficiencia se alcanza con la distribución de "bienes con precios competitivos y servicios que satisfagan las necesidades humanas y brinden calidad de vida, reduzcan los impactos ambientales de bienes y la intensidad de recursos a través del ciclo de vida entero, a un nivel al menos en línea con la capacidad estimada de llevarla por la Tierra."

REFERENCIAS BIBLIOGRÁFICAS

Altieri, M. (2009). Agroecología: Teoría y práctica para una agricultura sostenible. Serie textos básicos para la formación ambiental. ONU-PNUMA.

Asamblea Nacional Constituyente (1999). Constitución de la República Bolivariana de Venezuela. Gaceta Oficial de la República Bolivariana de Venezuela. Año CXXVII, Mes III Numero 36.860. Caracas 30 de diciembre.

Asamblea Nacional (2006). Ley Orgánica del Ambiente. Gaceta Oficial Caracas, No. 5.833 Extraordinario de viernes 22 de diciembre de 2006

Asamblea Nacional (2009). Ley Orgánica de Educación. Gaceta Oficial de la República de Venezuela. N° 5.929 (Extraordinario) al 15/08/2009. Caracas.

Asamblea Nacional (2010). Ley de Gestión Integral de la Basura. Gaceta Oficial 6.017 Ext. de fecha 30/12/2010.

Congreso Nacional (1992). Decreto N° 2.216 de fecha 23/4/1.992, referido a las "Normas para el Manejo de los Desechos Sólidos de Origen Doméstico, Comercial, Industrial o de cualquier otra naturaleza que no sean Peligrosos".

García Guadilla, Carmen (1996). La Fuga de Cerebros. Publicación Diario del Correo de la UNESCO, edición en español. Vol. 49. Pp. 24-24

García T., R. (2010). "La Agroecología: ciencia, enfoque y plataforma para su desarrollo rural sostenible y humano". AGROECOLOGÍA. Ed. LAV.

GIRAUD, LORAINE; PÁEZ, LUISA; ORNÉS, SANDRA Y OTROS (2011). Modelo de EcoEscuela para Venezuela en el marco de la educación para el desarrollo sostenible. ECOESCUELA Venezuela. Patrocinantes: CORPORACION ANDINA DE FOMENTO (CAF); Programa de Pequeñas Donaciones PNUD en VENEZUELA; FMAM. Programa de Pequeñas Donaciones; Parque Tecnológico Sartenejas; Grupo de Investigación Vida Urbana y Ambiente, adscrito al Decanato de Investigación y Desarrollo de la Universidad Simón Bolívar (VUA-USB).

GUILLÉN V., CARLOS E. (2.008). Valores y Beneficios de los Bosques Tropicales. Charla-Conferencia Semana del Ingeniero. CIDEZ: 28-10-2008. Sociedad Venezolana de Ingenieros Forestales-Seccional Zulia.

------------------------------------- (2010). Restauración Ecológica de las Escombreras de Mina Norte y Establecimiento de Vivero Forestal. Carbones de la Guajira. Informe Técnico. Consultora Ambiental TRANSSERCA.

------------------------------------- (2012a). Plan de Restauración de áreas afectadas por la actividad petrolera en la unidad operativa de campo Boscán. Contrato de Asesoría y Supervisión Ambiental con la EM PETROBOSCAN. Consultora Ambiental TRANSSERCA, febrero-junio de 2012.

------------------------------------- (2012b). Cátedra: Estudio de Impacto Ambiental y Socio –cultural (EIASC). Programa de la Maestría de Gerencia Ambiental (PMGA). Termino 2012-2, 4ta. Cohorte, UNEFA, Núcleo Zulia.

------------------------------------- (2012c). Cátedra: Formulación y Evaluación Ambiental de Proyectos. PMGA. Termino 2012-3, 4ta. Cohorte. UNEFA, Núcleo Zulia.

------------------------------------- (2013a). Cátedra: Ambiente y Estilos de Desarrollo. PMGA. Termino 2013-1, 5ta. Cohorte. UNEFA, Núcleo Zulia.

-------------------------------- (2013b). Manejo Ecoeficiente de Cuencas Hidrográficas. Material didáctico para el curso patrocinado por el Instituto para la Conservación del Lago de Maracaibo (ICLAM). Consultora Ambiental TRANSSERCA. Instructores: Ing. Forestal y M.Sc. Carlos Guillén; Dra. Blanca Medina de Urdaneta e Ing. y Especialista Ausberto Quero. Maracaibo 02 al 06/06/2013.

IMAU (1985). "II Jornadas de Reciclaje de Basura". Miembro Participativo. Maracaibo, marzo de 1985.

INAGRO (Instituto de Capacitación Agrícola, 1983). Cultivos de Hortalizas en Barbacoas. Primera Edición. Talleres de INAGRO. Caracas, 1983.

INIA (Instituto nacional de Investigaciones Agropecuarias, 2019) El cultivo de hortalizas en Venezuela. Serie de Manuales de Cultivo del INIA No II, 2019, creado por la Comisión Nacional de Publicaciones en 2004.

MAC (Ministerio de Agricultura y Cría, 1972). Todos podemos cooperar en la conservación de nuestros suelos. Guía N° 2. Dirección de RNR. División de Conservación de Suelos y Aguas. Caracas, 1972.

Montes Vásquez, Jenny (2008). Ecoeficiencia: una propuesta de responsabilidad ambiental empresarial para el sector financiero colombiano. Tesis de Grado para optar al título de Maestría en Medio Ambiente y Desarrollo. Universidad Nacional de Colombia. Sede Medellín Facultad de Minas.

Página de Internet: BUENO BOSCH MARIANO. Salud-Hábitat-Conciencia. Huerto Ecológico. Consulta en noviembre de 2012. Además de los libros de Horticultura de su misma autoría, mencionados a continuación:
-   El Huerto Familiar Ecológico (2006); la Guía Práctica del Cultivo Natural. Edición Fertilidad de la Tierra. Librería Muscaria. 415 pp.
-   Tu Huerto Ecológico en Casa (2009). Cultiva Alimentos Salu-

dables en poco Espacio. Editora Timun Mas. Barcelona España, 2009.

- Manual Práctico del Huerto Ecológico (2010). Huertos Familiares, Escolares y Urbanos. Edición Fertilidad de la Tierra. 2da edición. Librería Muscaria. 312 pp.

Organización de las Naciones Unidas Para La Agricultura y la Alimentación (FAO, 2010), notas conceptuales sobre los huertos escolares, Disponible en: www.huertosescolaresecologicas.htm//20/06/2020.

RINCON ACOSTA, Elkin (2003). La Huerta Escolar y Familiar. Editor Didácticas Kingraf Ltda. Santa Fe de Bogotá. Colombia. 2003.

Román, Pilar; Martínez, María M. y Pantoja Alberto (2013). Manual de Compostaje del Agricultor. Experiencia en América Latina. Organización de las Naciones Unidas Para La Agricultura y la Alimentación (FAO), Oficina Regional para América Latina y El Caribe, Santiago de Chile.

ULA; Facultad de Ciencias Forestales. Escuela de Ingeniería Forestal. Cátedras de "Suelo I" (1980) y "Suelo II" (1981). Mérida - Venezuela.

Testimonios directos de colegas agrotécnicos expertos en Edafología y Ciencias de la Tierra, o como productores agrícolas en barbacoas. Maracaibo, 2000…

YUSTE, Ana (2004). Taller de Elaboración de Compost. PDVSA – Occidente. Internet. Maracaibo, noviembre 2004. WWW. AGROCA.COM. Centro Organopónicos Bolívar 1. Caracas, Distrito Capital (nov. 2011).

RESUMEN CURRICULAR DEL RESPONSABLE DEL LIBRO

Carlos Enrique Guillén Valero es oriundo de Lagunillas de Mérida, Ing. Forestal graduado en la Ilustre Universidad de los Andes (ULA), Mérida-Venezuela en fecha 23/03/1984, con Especialización Profesional en Gerencia Empresarial titulado el 24/10/1996 e igualmente de M.Sc. en Administración de Empresas graduado el 13/12/2001, ambos postgrados en la Universidad Rafael Urdaneta (URU) con sede en Maracaibo Edo Zulia-Venezuela; con Diplomado en Formación Docente en la Universidad Dr. José Gregorio Hernández, Maracaibo (08/03/2008).

Su experiencia laboral transciende los ámbitos competitivos en la Sociedad General de Servicios (SGS) de Venezuela, Inspector de Ensayos no Destructivos con gestiones de Control de Calidad mediante el Uso de Radioactividad, Tinte Penetrante y Ultrasonido en Instalaciones Petroleras de la COLM desde abril 1984 a Sep. de 1984; continua en la Actividad Privada o Libre Ejercicio de la Profesión de Ingeniero Forestal en Asesorías Ambientales-Forestales, supervisión ambiental de proyectos y elaboración de documentos técnicos para trámites de permisiones operacionales desde Noviembre 1984 a Diciembre 1997.

Luego trabaja como accionista con el cargo de Vicepresidente de la Consultora Ambiental Proyectos Forestales, C.A. (PROFORCA), en Formulación y Ejecución de Proyectos Ambientales / Restauración

Ecológica y Saneamiento Ambiental a partir de Enero 1998 a Enero 2008; posteriormente en TRANSSERCA como Presidente realizando Asesorías y Supervisiones Ambientales, Elaboración de documentos técnicos para tramites de permisiones, Labores de Saneamiento Ambiental, entre otros servicios desde Febrero 2008 a Agosto 2013.

Desde el día 23/09/2013 es el Gte de Ambiente, Seguridad y Salud de Cementos Catatumbo, C.A. (CECAT), en el Desempeño del Sistema de Gestión Ambiental, Cumplimiento del Programa de Seguridad Industrial y Salud en el Trabajo, entre otras actividades afines; alternando actividades académicas universitarias en la Universidad Experimental de las Fuerzas Armadas (UNEFA), Núcleo Zulia como Jefe de Línea de Investigación y Miembro del Comité Académico del Programa de Maestría de Gerencia Ambiental (PMGA, 2010), Coordinador del Programa de Maestría Gcia Logística, además Carga Académica del PMGA y/o Profesor TV (2012 -2018) en las siguientes asignaturas:

•Estudios de Impacto Ambiental y Sociocultural (EIASC, 3era Cohorte 2012-2 y 6ta Cohorte 2016-3).

• Formulación y Evaluación Ambiental de Proyectos (3era Cohorte 2012-3).

• Ambiente y Estilos de Desarrollo (2013-1, 4ta Cohorte; 2016-2, 6ta Cohorte).

• Planificación y Gestión Ambiental (PGA, 5ta Cohorte 2014-2).

• Auditorías Ambientales (6ta Cohorte 2017-1: AGA-51163, Electiva, III Termino).

De igual forma Presidente del Jurado y Miembro Principal de Trabajos de Grado en el PMGA en temas afines con el Desempeño óptimo del Sistema de Gestión Ambiental en las organizaciones. Además, de Tutor Académico de unos 12 Trabajos de Grado en el PMGA, Asesor o Tutor Empresarial / Industrial de pasantes en Cementos Catatumbo / CECAT; entre otras labores académicas.

Contenido

Dedicatoria   5

Prólogo   7

Presentación   11

1.- Introducción   13

2.- Objetivos   14

3. Justificación   15

4. Metodología y alcance   26

5. Avance de la gestión agroecológica   30

6.- Glosario de términos básicos   36

7. Ventajas y beneficios de la materia orgánica en el suelo   63

Conclusiones y recomendaciones   97

Referencias bibliográficas   103

Este libro fue diseñado y exportado para su publicación en AMAZON por SULTANA DEL LAGO EDITORES, en los talleres gráficos del poeta Luis Perozo Cervantes, en Maracaibo, estado federal del Zulia, en el continente americano, del planeta tierra; a los 12 días del mes de septiembre de 2023, el mismo día de 2016 en que falleciera la escritora zuliana Josefina Urdaneta